ためせ実力!
数学検定準1級実践演習

公益財団法人 日本数学検定協会 監修
中村 力 著

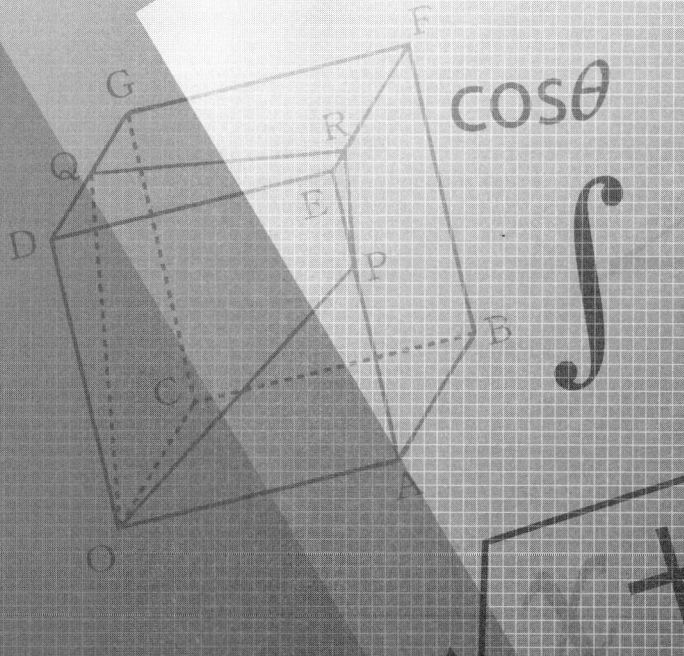

森北出版株式会社

● 本書のサポート情報を当社Webサイトに掲載する場合があります．下記のURLにアクセスし，サポートの案内をご覧ください．

https://www.morikita.co.jp/support/

● 本書の内容に関するご質問は，森北出版 出版部「(書名を明記)」係宛に書面にて，もしくは下記のe-mailアドレスまでお願いします．なお，電話でのご質問には応じかねますので，あらかじめご了承ください．

editor@morikita.co.jp

● 本書により得られた情報の使用から生じるいかなる損害についても，当社および本書の著者は責任を負わないものとします．

■ 本書に記載している製品名，商標および登録商標は，各権利者に帰属します．

■ 本書を無断で複写複製（電子化を含む）することは，著作権法上での例外を除き，禁じられています．複写される場合は，そのつど事前に(一社)出版者著作権管理機構（電話03-5244-5088, FAX03-5244-5089, e-mail:info@jcopy.or.jp）の許諾を得てください．また本書を代行業者等の第三者に依頼してスキャンやデジタル化することは，たとえ個人や家庭内での利用であっても一切認められておりません．

はじめに

「数学検定」は公益財団法人日本数学検定協会が実施している，数学的技能を客観的に測る全国レベルの検定である．数学の到達度の確認や学びの目標として，いまや大いに活用されているシステムである．

最近，「数学カフェ」，「数学サロン」なる言葉を耳にすることがある．コーヒーや食事を楽しみながら，くつろいだ雰囲気の中で数学を楽しむ会である．一般に"数学を学ぶ"というと，一人で部屋にこもって知的格闘を行う姿がイメージされ，長く続けるには大変な集中力が必要なように思われる．一方，「数学カフェ」，「数学サロン」ならば，数学が好きという共通項をもったいろいろな人が集まってお互いによい影響を受け合うので，長続きが期待できる．数学の学び直しや生涯学習としては，目新しい歓迎すべきシステムといえる．とくに近年，おとなが数学を学んだり，学び直したりすることがブームになっており，「数学カフェ」や「数学サロン」もそのブームのあらわれと考えられるが，これが一時的なブームで終わらずに日本の学習社会に根付いてくれれば，日本における数学レベルは強力なものになるだろう．

そのように何らかの形で数学を学んだとしても，それを自分の頭の中だけにしまっておくのだとしたら，大変もったいないように思う．身につけた技能をどう試すのか，どう社会に還元し，かつ評価されるのか，……と考えた場合，「数学検定」は大変便利なシステムである．「数学検定」によって，客観的評価を得ながらさらに自己研鑽のステップを重ねていく，といったポジティブな上昇志向を上手に取り入れていただければと思う．

「数学検定」準1級は，最高峰である1級につぐレベルで，高校3年生で学ぶ数学を内容に含む．この高校3年の数学を理解するには高校1年，2年で学ぶ数学のマスターは必須であるため，準1級に合格することは高校数学を制覇することであるといってもよい．高校数学は，大学での数学はもちろん，物理学や経済学，さらに工学などの専門科目でもふんだんに使われている．高校数学が理解できなければ，大学専門科目への道は半ば閉ざされるといっても過言ではない．ここにも，「数学検定」準1級への挑戦，そして合格の価値が見出せる．

本書は，先般上梓した「ためせ実力！めざせ1級！　数学検定1級実践演習」につぐ姉妹書である．本書の目的は，まずは「数学検定」準1級の合格である．さらに将来的には，1級合格をも見据えた本格的な実践問題集でもある．「数学検定」準1級合格

を目指している方，また，準1級は合格しているが「準1級」の復習も兼ねて「1級」対策の学習を始めたい方，高校数学を極めたい方や学び直したい方にとってはもちろんのこと，大学入試対策としても少なからず役立つだろう．

本書の特徴として，以下に3つを述べる．

(1) 難易度に応じた3つのレベル

　　過去に出題された数学検定「準1級」の1次検定・2次検定の問題を精選し，3つのレベル（ウォーミングアップレベル→実践力養成レベル→総仕上げレベル）に分類し，段階的に実践力を養成できる．

　　総仕上げレベルではそこそこの難問も含まれ，「数学検定」1級対策のウォーミングアップとしても利用できる．

(2) 別解を含めた解説・参考

　　1次検定・2次検定の問題で，問題によっては模範解答だけでなく，別解を含む解説，参考を非常に丁寧に加えている．問題を解く技能だけでなく，その問題に含まれているいろいろな興味深い知識に触れることで，さまざまな角度から総合的な理解が得られるよう配慮した．

(3) 模擬試験

　　実際の検定形式と同じように，1次検定・2次検定の問題を1回分，模擬試験として載せた．受検直前の対策として活用してほしい．

本書を執筆するにあたって，当財団理事である永井健樹先生には著者の原稿に目を通し，内容や解法に関する適切かつ有益なアドバイスを頂いた．また，森北出版出版部の上村紗帆さんには編集作業以上に，数学的にかなり踏み込んだやりとりをさせていただいた．お二人にはこの場を借りて感謝の意を表したい．

また，本書により数学の問題を楽しみながら解き，若年層から社会人まで広い世代にわたって数学好きが増え，日本人の理数力・数学力が少しでも向上することを心から祈っている．

2013 年 1 月

著　　者

「数学検定」準1級合格への効果的な勉強法

1. 前提条件

「数学検定」準1級に合格するには2級には合格していること，もしくは2級相当の数学技能を身につけていることが必須である．すなわち，高校2年で学ぶ数学までは確実にマスターしていることが前提である．

2. 学習方法

「数学検定」準1級に合格するには，1次検定の問題を検定時間60分で7問解き，70%程度以上の正答率が必要である．さらに，2次検定では5問から2問を選択し，必須問題2問と合わせた計4問を検定時間120分で解いて，60%程度以上の正答率が必要である．

本書を活用する学習方法は，学習する人の数学技能によって次の2つのパターンに分類できる．

(1) 高校3年レベルの数学を初めて学習する人，または，過去に学習したが基本的な内容はかなり忘れてしまっている人

まずは［ウォーミングアップ］はほぼ解けるようにする．また，［実践力養成］は80%程度は解けることを目標に学習し，可能であればほぼ解けるまでの力をつけてほしい．

学習テキストとしては，基礎レベルから標準レベルの高校3年の教科書や学習参考書を併用してほしい．

(2) 高校3年レベルの数学は学習済みで基本的内容はしっかりと理解している人

［ウォーミングアップ］は完全に解けるように，また，［実践力養成］もほぼ解けるまで学習してほしい．「数学検定」1級を視野に入れている人や有名大学受験を目指す人は，［総仕上げ］の問題を解く力を本書でつけてほしい．

学習テキストは，標準から発展レベルの高校3年の教科書や学習参考書の活用が望ましい．

3. 1次検定/2次検定対策

◎ 1次検定の本番では，本書における【解答】のみを解答用紙に記述する．

演習問題は，わからなければ【解説】をみながら解いても結構であるが，最終的には何もみないで解けるようにしてほしい．

練習問題は，最初から【解答】・【解説】をみないでチャレンジするようにしてほしい．

◎ 2次検定の本番では，本書における【解答】（解答プロセス＋答え）を解答用紙に記述する．

　1次検定同様，演習問題はわからなければ【解説】をみながら解いてもよいが，最終的には独力で解けるようにしてほしい．練習問題は最初から【解答】をみないで解くことが望ましいが，これも最終的には独力で解けるようにしたい．

　2次検定では，"解答プロセス＋答え"を解答用紙の決められたスペースに効率よく記述できるトレーニングが必要である．また，正解（答え）まで至らなくても，部分点をできるだけ獲得しようとする心構えが必要である．いうまでもないが，無解答では点数（部分点）は何も得られない．途中の解答プロセスでも解答用紙に書いてみることが大切である．また，小問形式になっている問題では，前の小問の結果を利用しながら解いていけば正解にたどりつける可能性が高い．そこで，もし (1)，(2) などの小問に分かれていれば，(1) だけでも確実に解答するようにしたい．

4. 受検直前

　本書には，「数学検定」準1級と同じ形式の模擬検定1次・2次を1回分載せている．受検直前の対策に役立ててほしい．1回分では足りないと思われる場合には，次の参考書 (1) をおすすめする．

5. 参考書

　高校数学の教科書や学習参考書は多数あるので，自分に合ったものを活用してほしい．その他，学習に役立つ書籍を紹介する．

(1)「実用数学技能検定 準1級［完全解説問題集］発見」丸善出版

　　準1級の過去問題8回分 (1次・2次) の検定問題＋模範解答を収録したもので，準1級受検直前の万全な準備ができる．

(2)「高校数学　公式活用事典」旺文社

　　高校数学の公式は覚えるだけでは意味がなく，問題を解くためにいかに効率よく活用できるかということや，定義から公式を導き出すことが大切である．本書はこれらの点をわかりやすく，みやすくまとめている．

(3)「ためせ実力！めざせ1級！　数学検定1級実践演習」森北出版

　　1級対策を視野に入れている読者は，1級実践演習書として本書をすすめる．

※　本書の演習問題および練習問題は，基本的に過去問題そのものを掲載しています．また，本書の2次検定の【解答】に出てくる図には，便宜上，「図2.6　容器」などと名づけています．検定本番で図をかく際は，そのような図番号やタイトルは省き，文章中でも「右図のように」などと簡潔に記述してかまいません．

目　次

はじめに　　　　　　　　　　　　　　　　　　　　　　　　　　　　　　　　i
「数学検定」準1級合格への効果的な勉強法　　　　　　　　　　　　　　　　iii

第1章　ウォーミングアップレベル　　　　　　　　　　　　　　　　　1
演習と解答・解説 ·· 1
　　1次検定　　1
　　2次検定　　12
　練習問題 ·· 22

第2章　実践力養成レベル　　　　　　　　　　　　　　　　　　　25
演習と解答・解説 ·· 25
　　1次検定　　25
　　2次検定　　38
　練習問題 ·· 57

第3章　総仕上げレベル　　　　　　　　　　　　　　　　　　　　62
演習と解答・解説 ·· 62
　　1次検定　　62
　　2次検定　　77
　練習問題 ·· 98

実用数学技能検定準1級　模擬検定問題　　　　　　　　　　103
　1次：計算技能検定 ·· 104
　2次：数理技能検定 ·· 106

練習問題解答・解説　　　　　　　　　　　　　　　　　　　　109
　第1章　ウォーミングアップレベル ····························· 109
　第2章　実践力養成レベル ····································· 120
　第3章　総仕上げレベル ······································· 137

実用数学技能検定準1級　模擬検定問題解答・解説　　165
　1次：計算技能検定 …………………………………………………… 165
　2次：数理技能検定 …………………………………………………… 170

「数学検定」準1級の概要　　180

Chapter 1 ウォーミングアップレベル

〈1次検定〉

演習1 次の式を係数が有理数の範囲で因数分解しなさい.
$$x^4 - 7x^2y^2 + 9y^4$$

解答 $(x^2 + xy - 3y^2)(x^2 - xy - 3y^2)$

解説

複2次式の因数分解である.
$$x^4 - 7x^2y^2 + 9y^4 = (x^2 - 3y^2)^2 - x^2y^2$$
$$= (x^2 - 3y^2 + xy)(x^2 - 3y^2 - xy)$$

◇**参考**

類題を示す.
① $x^4 + 4x^2 - 5 = (x^2 - 1)(x^2 + 5) = (x - 1)(x + 1)(x^2 + 5)$
② $x^4 + 64y^4 = (x^2 + 8y^2)^2 - (4xy)^2 = (x^2 - 4xy + 8y^2)(x^2 + 4xy + 8y^2)$

演習2 次の不等式を解きなさい.
$$|x - 3| \leqq 2x$$

解答 $x \geqq 1$

解説

絶対値記号を含む不等式であるから,
$$|x - 3| = \begin{cases} x - 3 & (x - 3 \geqq 0) \\ -(x - 3) & (x - 3 < 0) \end{cases}$$

と場合分けを行う.

第1章　ウォーミングアップレベル

（ⅰ）$x \geq 3$ のとき

$|x-3| = x-3$ から，$x-3 \leq 2x$ となる．よって，$x \geq -3$．これと $x \geq 3$ より，

$$x \geq 3 \qquad \cdots(1)$$

（ⅱ）$x < 3$ のとき

$|x-3| = 3-x$ から，$3-x \leq 2x$ となる．よって，$x \geq 1$．これと $x < 3$ より，

$$1 \leq x < 3 \qquad \cdots(2)$$

式 (1) または式 (2) から，$x \geq 1$ となる．

◇ 参 考　1 ─────────────────────────────

図 1.1 のグラフからも，不等式の解は $x \geq 1$ であることがわかる．

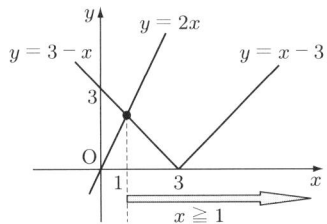

図 1.1　$y = |x-3|$ と $y = 2x$ のグラフ

◇ 参 考　2 ─────────────────────────────

$a > 0$ のとき

$$|x| \leq a \iff -a \leq x \leq a$$
$$|x| \geq a \iff x \leq -a \text{ または } a \leq x$$

を用いて解く方法もあり，以下に 2 つの類題を示す．

① $|2x-1| \leq 3$ の解は，

$$-3 \leq 2x-1 \leq 3 \text{ から，} -1 \leq x \leq 2$$

② $|x-2| \geq 5$ の解は，

$$x-2 \leq -5 \text{ または } 5 \leq x-2 \text{ から，} x \leq -3 \text{ または } 7 \leq x$$

1次検定

演習3 次の計算をしなさい．
$$\frac{x^2+5x+6}{x^2-4x+4} \div \frac{x+2}{x-2}$$

解答 $\dfrac{x+3}{x-2}$ $\left(\text{または，} 1+\dfrac{5}{x-2}\right)$

◆ **解説**

分数式の計算である．因数分解を正確に行うこと．

$$\frac{x^2+5x+6}{x^2-4x+4} \div \frac{x+2}{x-2} = \frac{\cancel{(x+2)}(x+3)}{(x-2)^{\cancel{2}\,1}} \times \frac{\cancel{x-2}}{\cancel{x+2}} = \frac{x+3}{x-2}$$

演習4 x に関する2次方程式 $5x^2-3x-1=0$ の2つの解を α，β とします．このとき，$\alpha^3+\beta^3$ の値を求めなさい．

解答 $\dfrac{72}{125}$

◆ **解説**

2次方程式の解と係数の関係を用いる．$\alpha+\beta=\dfrac{3}{5}$，$\alpha\beta=-\dfrac{1}{5}$ から，

$$\alpha^3+\beta^3 = (\alpha+\beta)(\alpha^2-\alpha\beta+\beta^2) = (\alpha+\beta)\{(\alpha+\beta)^2-3\alpha\beta\}$$
$$= \frac{3}{5} \times \left\{\left(\frac{3}{5}\right)^2 - 3\times\left(-\frac{1}{5}\right)\right\} = \frac{3}{5} \times \left(\frac{9}{25}+\frac{3}{5}\right) = \frac{3}{5} \times \frac{24}{25} = \frac{72}{125}$$

となる．

別解

$$\alpha^3+\beta^3 = (\alpha+\beta)^3 - 3\alpha\beta(\alpha+\beta)$$
$$= \left(\frac{3}{5}\right)^3 - 3\times\left(-\frac{1}{5}\right)\times\frac{3}{5} = \frac{27}{125} + \frac{9}{25} = \frac{72}{125}$$

第1章　ウォーミングアップレベル

◇参　考（解と係数の関係）

◎ 2次方程式の場合
　$ax^2 + bx + c = 0 \ (a \neq 0)$ の2つの解を α, β とすると，
$$\alpha + \beta = -\frac{b}{a}, \quad \alpha\beta = \frac{c}{a}$$

◎ 3次方程式の場合
　$ax^3 + bx^2 + cx + d = 0 \ (a \neq 0)$ の3つの解を α, β, γ とすると，
$$\alpha + \beta + \gamma = -\frac{b}{a}, \quad \alpha\beta + \beta\gamma + \gamma\alpha = \frac{c}{a}, \quad \alpha\beta\gamma = -\frac{d}{a}$$

なお，解と係数の関係は，方程式の解が実数であるか虚数であるかに関係なく成り立つ．

演習5　円 $x^2 + y^2 = 1$ と直線 $y = 2x - 1$ の2つの交点 A, B とおきます．このとき，線分 AB の長さを求めなさい．

解　答　$\dfrac{4\sqrt{5}}{5}$

解　説

まず，円と直線の交点を求めればよい．$x^2 + y^2 = 1$ に $y = 2x - 1$ を代入すると，
$$x^2 + (2x - 1)^2 = 1$$
$$5x^2 - 4x = 0$$
となる．これを解いて，$x = 0, \dfrac{4}{5}$ と交点 A, B の x 座標が求められる．y 座標は，交点 A, B が直線 $y = 2x - 1$ 上にあることから，それぞれ $y = -1, \dfrac{3}{5}$ と求められる．

よって，2つの交点の座標は，A$(0, -1)$, B$\left(\dfrac{4}{5}, \dfrac{3}{5}\right)$ となる．

したがって，AB の長さは，$\sqrt{\left(\dfrac{4}{5}\right)^2 + \left(\dfrac{8}{5}\right)^2} = \dfrac{4\sqrt{5}}{5}$ となる．

演習6　$\tan \theta = -2$ かつ $-90° < \theta < 0°$ であるとき，$\sin 4\theta$ の値を求めなさい．

1次検定

解　答　$\dfrac{24}{25}$

◆解　説

三角関数の性質（2倍角の公式）を用いると，

$$\sin 4\theta = 2\sin 2\theta \cos 2\theta = 4\sin\theta \cos\theta (2\cos^2\theta - 1)$$

となる．
$\tan\theta = \dfrac{\sin\theta}{\cos\theta} = -2$ より，$\sin\theta = -2\cos\theta$ である．これを $\sin^2\theta + \cos^2\theta = 1$ に代入して，

$$4\cos^2\theta + \cos^2\theta = 1$$
$$5\cos^2\theta = 1$$
$$\cos\theta = \dfrac{1}{\sqrt{5}} \quad (\because\ -90° < \theta < 0°)$$

となる．また，

$$\sin\theta = -2\cos\theta = -\dfrac{2}{\sqrt{5}}$$

が得られる．よって，

$$\sin 4\theta = 4\sin\theta \cos\theta (2\cos^2\theta - 1)$$
$$= -4 \cdot \dfrac{2}{\sqrt{5}} \cdot \dfrac{1}{\sqrt{5}} \cdot \left(2 \cdot \dfrac{1}{5} - 1\right) = -\dfrac{8}{5} \cdot \left(-\dfrac{3}{5}\right) = \dfrac{24}{25}$$

となる．

・別　解

$\sin\theta$，$\cos\theta$ を次のように求めてもよい．$1 + \tan^2\theta = \dfrac{1}{\cos^2\theta}$ より，

$$\dfrac{1}{\cos^2\theta} = 1 + (-2)^2 = 5$$
$$\cos\theta = \dfrac{1}{\sqrt{5}} \quad (\because\ -90° < \theta < 0°)$$

また，

第1章　ウォーミングアップレベル

$$\sin\theta = \cos\theta \cdot \tan\theta = \frac{1}{\sqrt{5}} \cdot (-2) = -\frac{2}{\sqrt{5}}$$

◇ 参　考（倍角の公式）

2倍角，3倍角の公式は，加法定理などから導き出せるようにしよう．
① $\sin 2\theta = 2\sin\theta\cos\theta$
② $\cos 2\theta = \cos^2\theta - \sin^2\theta = 2\cos^2\theta - 1 = 1 - 2\sin^2\theta$
③ $\sin 3\theta = 3\sin\theta - 4\sin^3\theta$
④ $\cos 3\theta = 4\cos^3\theta - 3\cos\theta$
⑤ $\sin 4\theta = 2\sin 2\theta\cos 2\theta = 4\sin\theta\cos\theta(2\cos^2\theta - 1) = 4\sin\theta\cos\theta(1 - 2\sin^2\theta)$
⑥ $\cos 4\theta = 2\cos^2 2\theta - 1 = 2(2\cos^2\theta - 1)^2 - 1 = 8\cos^4\theta - 8\cos^2\theta + 1$
　　　　$= 8\sin^4\theta - 8\sin^2\theta + 1$

演習7　次の和を求めなさい．

$$\sum_{k=1}^{n}(6k^2 - 6k + 2)$$

解　答　$2n^3$

解　説

$$\sum_{k=1}^{n}(6k^2 - 6k + 2) = 6 \cdot \frac{n(n+1)(2n+1)}{6} - 6 \cdot \frac{n(n+1)}{2} + 2n$$

$$= n(n+1)(2n+1) - 3n(n+1) + 2n$$

$$= n(2n^2 + 3n + 1 - 3n - 3 + 2) = n \cdot 2n^2 = 2n^3$$

◇ 参　考（$\sum$の計算（自然数の累乗の和））

① $\displaystyle\sum_{k=1}^{n} k = \frac{n(n+1)}{2}$　　② $\displaystyle\sum_{k=1}^{n} k^2 = \frac{n(n+1)(2n+1)}{6}$　　③ $\displaystyle\sum_{k=1}^{n} k^3 = \frac{n^2(n+1)^2}{4}$

②の $\displaystyle\sum_{k=1}^{n} k^2$ は次のように導く．$(k+1)^3 - k^3 = 3k^2 + 3k + 1$ から，

$$\sum_{k=1}^{n}\{(k+1)^3 - k^3\} = 3\sum_{k=1}^{n} k^2 + 3\sum_{k=1}^{n} k + \sum_{k=1}^{n} 1 \qquad \cdots(1)$$

式(1)の左辺 $= (2^3 - 1^3) + (3^3 - 2^3) + \cdots + (n+1)^3 - n^3 = (n+1)^3 - 1$

1次検定

式 (1) の右辺 $= 3\sum_{k=1}^{n}k^2 + 3\dfrac{n(n+1)}{2} + n$ （∵ ①）

が得られ，$3\sum_{k=1}^{n}k^2 = \dfrac{1}{2}n(n+1)(2n+1)$ となる．よって，

$$\sum_{k=1}^{n}k^2 = \dfrac{n(n+1)(2n+1)}{6}$$

となる．③も $(k+1)^4 - k^4 = 4k^3 + 6k^2 + 4k + 1$ から，同様に導くことができる．

また，$\sum_{k=1}^{n} = \sum_{k=1}^{n}k^0 = \underbrace{1+1+\cdots+1}_{n\text{個}} = n$ に注意すること．

演習8

2つのベクトル $\vec{a} = (1, 2, 3)$，$\vec{b} = (-3, -2, 1)$ に対して，$k\vec{a} + \vec{b}$ と $\vec{b}$ が垂直になるように定数 k の値を定めなさい．

解答 $k = \dfrac{7}{2}$

解説

ベクトルの内積を考えればよい．

$$k\vec{a} + \vec{b} = k(1,2,3) + (-3,-2,1) = (k-3,\ 2k-2,\ 3k+1)$$

であり，内積 $(k\vec{a}+\vec{b})\cdot\vec{b}=0$ から，

$$(k-3)\cdot(-3) + (2k-2)\cdot(-2) + (3k+1)\cdot 1 = 0$$

が成り立つ．これを解いて，

$$k = \dfrac{7}{2}$$

が得られる．

◇ **参考**

$\vec{a}\neq\vec{0}$，$\vec{b}\neq\vec{0}$ のとき，ベクトル $\vec{a}$，$\vec{b}$ に対し，内積は $\vec{a}\cdot\vec{b} = |\vec{a}||\vec{b}|\cos\theta$ である．
① $\vec{a}\perp\vec{b}\ \Leftrightarrow\ \vec{a}\cdot\vec{b}=0$
② $\vec{a}\,/\!/\,\vec{b}\ \Leftrightarrow\ \vec{a}\cdot\vec{b}=\pm|\vec{a}||\vec{b}|$ （+ は $\vec{a}$ と $\vec{b}$ が同じ向き，− は $\vec{a}$ と $\vec{b}$ が反対向き）
また，$\vec{a}=(a_1,a_2,a_3)$，$\vec{b}=(b_1,b_2,b_3)$ ならば，$\vec{a}\cdot\vec{b} = a_1b_1+a_2b_2+a_3b_3$ である．

第1章 ウォーミングアップレベル

演習9 xy 平面上において，2点 $(1,0)$, $(-1,0)$ を焦点とし，点 $(3,0)$ を通る楕円の方程式を求めなさい．

解答 $\dfrac{x^2}{9} + \dfrac{y^2}{8} = 1$

◆ 解説 ─────────────────────────────

楕円の方程式は，$\dfrac{x^2}{a^2} + \dfrac{y^2}{b^2} = 1$ $(a > b > 0)$ と表される．焦点の x 座標から，

$$1 = \sqrt{a^2 - b^2} \qquad \cdots (1)$$

となる．また，$\dfrac{x^2}{a^2} + \dfrac{y^2}{b^2} = 1$ が点 $(3,0)$ を通るので，$\dfrac{3^2}{a^2} = 1$．よって，$a^2 = 9$ となる．これを式 (1) に代入して，$b^2 = 8$ が得られる．したがって，

$$\dfrac{x^2}{9} + \dfrac{y^2}{8} = 1$$

となる．

◇ 参 考（楕円の焦点の座標）─────────────────

楕円の標準形 $\dfrac{x^2}{a^2} + \dfrac{y^2}{b^2} = 1$ $(a > 0,\ b > 0)$

① $a > b > 0$ のとき，x 軸方向に長い楕円（長軸の長さ $2a$, 短軸の長さ $2b$) であり，

焦点の座標 $(\sqrt{a^2 - b^2},\ 0)$, $(-\sqrt{a^2 - b^2},\ 0)$

② $b > a > 0$ のとき，y 軸方向に長い楕円（長軸の長さ $2b$, 短軸の長さ $2a$) であり，

焦点の座標 $(0,\ \sqrt{b^2 - a^2})$, $(0,\ -\sqrt{b^2 - a^2})$

演習10 次の極限値を求めなさい．

$$\lim_{x \to 0} \dfrac{x}{\tan x}$$

解答 1

1次検定

◇ 解 説

$$\lim_{x \to 0} \frac{x}{\tan x} = \lim_{x \to 0} \frac{x}{\frac{\sin x}{\cos x}} = \lim_{x \to 0} \frac{\cos x}{\frac{\sin x}{x}} = \frac{1}{1} = 1$$

（ただし，x は弧度法（単位：ラジアン）で表した角の大きさ）

◇ 参 考

類題を示す．

① $\displaystyle\lim_{x \to 0} \frac{\sin x}{x} = 1$ （解説ではこの式を利用した）

①′ $\displaystyle\lim_{x \to 0} \frac{x}{\sin x} = \lim_{x \to 0} \frac{1}{\frac{\sin x}{x}} = 1$

② $\displaystyle\lim_{x \to 0} \frac{\sin 3x}{x} = \lim_{x \to 0} \frac{\sin 3x}{3x} \cdot 3 = 3$

③ $\displaystyle\lim_{x \to 0} \frac{\sin 3x}{\tan 5x} = \lim_{x \to 0} \frac{\sin 3x}{3x} \cdot \frac{5x}{\tan 5x} \cdot \frac{3}{5} = \frac{3}{5}$

④ $\displaystyle\lim_{d \to 0} \frac{\sin d°}{d} = \lim_{d \to 0} \frac{\sin \frac{\pi}{180} d}{\frac{\pi}{180} d} \cdot \frac{\pi}{180} = \frac{\pi}{180}$

（ただし，d は60分法（単位：度）で表した角の大きさ）

演習 11 次の定積分を求めなさい．

$$\int_0^1 x e^{2x}\, dx$$

解 答 $\dfrac{e^2 + 1}{4}$

◇ 解 説

部分積分の公式 $\displaystyle\int f(x) g'(x)\, dx = f(x) g(x) - \int f'(x) g(x)\, dx$ から，

$$\int_0^1 x e^{2x}\, dx = \int_0^1 x \left(\frac{e^{2x}}{2} \right)'\, dx = \left[\frac{x}{2} e^{2x} \right]_0^1 - \frac{1}{2} \int_0^1 e^{2x}\, dx$$

$$= \frac{e^2}{2} - \frac{1}{2} \cdot \frac{1}{2} \left[e^{2x} \right]_0^1 = \frac{e^2 + 1}{4}$$

となる．

第1章 ウォーミングアップレベル

演習12 2次正方行列 $A = \begin{pmatrix} 2 & 3 \\ 3 & 4 \end{pmatrix}$, $B = \begin{pmatrix} 1 & 3 \\ 2 & 5 \end{pmatrix}$ について，次の問いに答えなさい．

(1) $B(A-B)A$ を計算しなさい．
(2) $(AB^{-1})^{-1} + A^{-1}B$ を計算しなさい．

解 答 (1) $\begin{pmatrix} -1 & 0 \\ -1 & 1 \end{pmatrix}$ (2) $\begin{pmatrix} 7 & 0 \\ 6 & -5 \end{pmatrix}$

◇ **解 説**

(1) $A - B = \begin{pmatrix} 2 & 3 \\ 3 & 4 \end{pmatrix} - \begin{pmatrix} 1 & 3 \\ 2 & 5 \end{pmatrix} = \begin{pmatrix} 1 & 0 \\ 1 & -1 \end{pmatrix}$ から，

$$B(A-B)A = \begin{pmatrix} 1 & 3 \\ 2 & 5 \end{pmatrix}\begin{pmatrix} 1 & 0 \\ 1 & -1 \end{pmatrix}\begin{pmatrix} 2 & 3 \\ 3 & 4 \end{pmatrix}$$

$$= \begin{pmatrix} 4 & -3 \\ 7 & -5 \end{pmatrix}\begin{pmatrix} 2 & 3 \\ 3 & 4 \end{pmatrix} = \begin{pmatrix} -1 & 0 \\ -1 & 1 \end{pmatrix}$$

となる．

(2) $(AB^{-1})^{-1} + A^{-1}B = BA^{-1} + A^{-1}B$ となる．$A^{-1} = \dfrac{1}{2 \cdot 4 - 3 \cdot 3}\begin{pmatrix} 4 & -3 \\ -3 & 2 \end{pmatrix}$
$= \begin{pmatrix} -4 & 3 \\ 3 & -2 \end{pmatrix}$ から，

$$BA^{-1} + A^{-1}B = \begin{pmatrix} 1 & 3 \\ 2 & 5 \end{pmatrix}\begin{pmatrix} -4 & 3 \\ 3 & -2 \end{pmatrix} + \begin{pmatrix} -4 & 3 \\ 3 & -2 \end{pmatrix}\begin{pmatrix} 1 & 3 \\ 2 & 5 \end{pmatrix}$$

$$= \begin{pmatrix} 5 & -3 \\ 7 & -4 \end{pmatrix} + \begin{pmatrix} 2 & 3 \\ -1 & -1 \end{pmatrix} = \begin{pmatrix} 7 & 0 \\ 6 & -5 \end{pmatrix}$$

となる．

◇ **参 考（逆行列とその性質）**

$A = \begin{pmatrix} a & b \\ c & d \end{pmatrix}$ に対して，$A^{-1} = \dfrac{1}{ad - bc}\begin{pmatrix} d & -b \\ -c & a \end{pmatrix}$ $(ad - bc \neq 0)$ である．A^{-1}，B^{-1} が存在するとき，次のような性質が成り立つ．

① $AA^{-1} = A^{-1}A = E$ ② $(A^{-1})^{-1} = A$ ③ $(AB)^{-1} = B^{-1}A^{-1}$

③で，$(AB)^{-1} = A^{-1}B^{-1}$ と間違えないように注意しよう．

1次検定

演習 13　次の式の値を求めなさい．ただし，i は虚数単位を表します．

$$(\cos 20° + i \sin 20°)^3$$

解 答　$\dfrac{1}{2} + \dfrac{\sqrt{3}}{2} i$　$\left(\text{または } \dfrac{1 + \sqrt{3} i}{2}\right)$

※ **解 説**

ド・モアブルの定理から，

$$(\cos 20° + i \sin 20°)^3 = \cos 60° + i \sin 60° = \dfrac{1}{2} + \dfrac{\sqrt{3}}{2} i$$

となる．

◇ **参 考（ド・モアブルの定理）**

$$(\cos \theta + i \sin \theta)^n = \cos n\theta + i \sin n\theta \quad (n \text{ は整数})$$

この定理から，次の関係式が導ける．
◎ $n = 2$ のとき，

$$(\cos \theta + i \sin \theta)^2 = \cos 2\theta + i \sin 2\theta \qquad \cdots(1)$$

となる．さらに，

$$\text{式 (1) の左辺} = \cos^2 \theta - \sin^2 \theta + i(2 \sin \theta \cos \theta)$$

より，2 倍角の公式

$$\cos 2\theta = \cos^2 \theta - \sin^2 \theta, \quad \sin 2\theta = 2 \sin \theta \cos \theta$$

が導かれる．
◎ $n = 3$ のとき，

$$(\cos \theta + i \sin \theta)^3 = \cos 3\theta + i \sin 3\theta \qquad \cdots(2)$$

となる．さらに，

$$\begin{aligned}\text{式 (2) の左辺} &= \cos^3 \theta + 3 \cos^2 \theta (i \sin \theta) + 3 \cos \theta (i \sin \theta)^2 + (i \sin \theta)^3 \\ &= \cos^3 \theta + i(3 \cos^2 \theta \sin \theta) - 3 \cos \theta \sin^2 \theta - i \sin^3 \theta \\ &= \cos^3 \theta - 3 \cos \theta \sin^2 \theta + i(3 \cos^2 \theta \sin \theta - \sin^3 \theta)\end{aligned}$$

より，3 倍角の公式

$$\cos 3\theta = \cos^3 \theta - 3 \cos \theta \sin^2 \theta = \cos^3 \theta - 3 \cos \theta (1 - \cos^2 \theta) = 4 \cos^3 \theta - 3 \cos \theta$$

第1章 ウォーミングアップレベル

$$\sin 3\theta = 3\cos^2\theta \sin\theta - \sin^3\theta = 3(1-\sin^2\theta)\sin\theta - \sin^3\theta = 3\sin\theta - 4\sin^3\theta$$

が導かれる.

◎ $n=-1$ のとき,

$$(\cos\theta + i\sin\theta)^{-1}\left(=\frac{1}{\cos\theta + i\sin\theta}\right) = \cos(-\theta) + i\sin(-\theta) = \cos\theta - i\sin\theta$$

となる.

〈2次検定〉

演習1 $\displaystyle\sum_{k=1}^{n} k\cdot k!$ を n を用いた式で表しなさい.

解 答 $(k+1)! = (k+1)k! = k\cdot k! + k!$

であるので,

$$k\cdot k! = (k+1)! - k!$$

となる.よって,次が得られる.

$$\sum_{k=1}^{n} k\cdot k! = \sum_{k=1}^{n}(k+1)! - \sum_{k=1}^{n} k!$$
$$= \{2! + 3! + \cdots + n! + (n+1)!\} - (1! + 2! + \cdots + n!)$$
$$= (n+1)! - 1! = (n+1)! - 1$$

(答)$(n+1)! - 1$

◇ **参 考（n の階乗）**

$n! = n(n-1)(n-2)\cdots 3\cdot 2\cdot 1 = n\cdot (n-1)!,\quad 0! = 1,$
$(2n)!! = 2n(2n-2)(2n-4)\cdots 4\cdot 2 = 2^n n!$
$(2n+1)!! = (2n+1)(2n-1)(2n-3)\cdots 3\cdot 1$

演習2 実数 a, b, c が

$$(a-b)(b-c) + (b-c)(c-a) + (c-a)(a-b) = 0$$

を満たすならば,$a=b=c$ が成り立つことを示しなさい. （証明技能）

2次検定

解　答　$(a-b)(b-c) + (b-c)(c-a) + (c-a)(a-b) = 0$　　　$\cdots(1)$

の左辺を展開して整理する．

$$(a-b)(b-c) = ab - ac - b^2 + bc$$
$$(b-c)(c-a) = bc - ba - c^2 + ca$$
$$(c-a)(a-b) = ca - cb - a^2 + ab$$

より，

$$\begin{aligned}
式(1)の左辺 &= -a^2 - b^2 - c^2 + ab + bc + ca \\
&= -(a^2 + b^2 + c^2 - ab - bc - ca) \\
&= -\frac{1}{2}\{(a-b)^2 + (b-c)^2 + (c-a)^2\}
\end{aligned}$$

となる．これは0に等しいので，

$$(a-b)^2 + (b-c)^2 + (c-a)^2 = 0$$

となる．また，a, b, c は実数なので，

$$(a-b)^2 \geqq 0, \quad (b-c)^2 \geqq 0, \quad (c-a)^2 \geqq 0$$

となる．よって，

$$a - b = 0, \quad b - c = 0, \quad c - a = 0$$

すなわち，$a = b = c$ が成り立つ．

以上より，式(1)を満たすならば，$a = b = c$ が成り立つことが示された．

◇**参　考**

① a, b, c が実数のとき，

$$a^2 + b^2 + c^2 = 0 \quad \Leftrightarrow \quad a = b = c = 0 \ (a, b, c のすべてが0)$$

② 次の変形はよく利用される．

$$a^2 + b^2 + c^2 - ab - bc - ca = \frac{1}{2}\{(a-b)^2 + (b-c)^2 + (c-a)^2\}$$

演習3　原点 O を内部に含む円 $x^2 + y^2 + ax + by + c = 0$ $(c < 0)$ と，直線 $y = mx$ との交点を P, Q とします．このとき，OP × OQ の値が $-c$ になることを証明しなさい．　　　（証明技能）

第1章 ウォーミングアップレベル

解 答　点 P, Q の x 座標をそれぞれ α, β とする．$x^2+y^2+ax+by+c=0$ に $y=mx$ を代入すると，

$$x^2+m^2x^2+ax+bmx+c=0$$
$$(m^2+1)x^2+(a+bm)x+c=0$$

となる．ここで，2 次方程式の解と係数の関係より，

$$\alpha+\beta=-\frac{a+bm}{m^2+1}, \quad \alpha\beta=\frac{c}{m^2+1}$$

が成り立つ．また，点 P, Q の y 座標はそれぞれ $m\alpha$, $m\beta$ であるから，

$$\mathrm{OP}^2=\alpha^2+m^2\alpha^2=(m^2+1)\alpha^2$$
$$\mathrm{OQ}^2=\beta^2+m^2\beta^2=(m^2+1)\beta^2$$

となる．よって，

$$\mathrm{OP}^2\times\mathrm{OQ}^2=(m^2+1)^2\alpha^2\beta^2$$
$$=(m^2+1)^2\times\frac{c^2}{(m^2+1)^2}=c^2$$

となり，これから，

$$\mathrm{OP}\times\mathrm{OQ}=\pm c$$

が得られる．$c<0$ かつ $\mathrm{OP}\times\mathrm{OQ}>0$ より，

$$\mathrm{OP}\times\mathrm{OQ}=-c$$

となる．よって，$\mathrm{OP}\times\mathrm{OQ}$ の値は $-c$ になる．

別 解

図 1.2 のように，原点を内部に含む円と直線との交点を P, Q とする．また，円と y 軸との交点を R, S とすると，方べきの定理より，

$$\mathrm{OP}\times\mathrm{OQ}=\mathrm{OS}\times\mathrm{OR} \qquad \cdots(1)$$

の関係が成り立つ．

点 R, S の y 座標をそれぞれ y_1, y_2 とすれば，円の方程式

$$x^2+y^2+ax+by+c=0$$

に $x=0$ を代入して得られる2次方程式 $y^2+by+c=0$ の解と係数の関係から，

$$y_1 y_2 = c \quad (<0)$$

となる．
　これと式 (1) より，

$$\mathrm{OP} \times \mathrm{OQ} = \mathrm{OS} \times \mathrm{OR} = |y_1 y_2| = |c| = -c \quad (\because c<0)$$

となる．よって，$\mathrm{OP} \times \mathrm{OQ}$ の値は $-c$ になる．

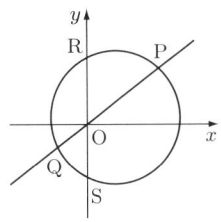

図 1.2　円と直線との交点

演習 4　点 O を中心とする半径 r の円の周上に点 A をとり，点 O と A を結びます．線分 OA 上の，O や A とは異なる点 P を通り，OA に垂直な弦と円周との交点の1つを T とし，T における円の接線が OA の延長と交わる点を Q とします．$\angle \mathrm{TOA} = \theta$ とおくとき，次の問いに答えなさい．

(1) $\triangle \mathrm{OTQ}$ の面積を S_1，扇形 OAT の面積を S_2 とするとき，$\displaystyle\lim_{\theta \to 0} \frac{S_2}{S_1}$ を求めなさい．

(2) $\displaystyle\lim_{\theta \to 0} \frac{\mathrm{PQ}}{\mathrm{PA}}$ を求めなさい．

解　答　(1) 問題から，図 1.3 のようになる．$\mathrm{TQ} = r \tan \theta$ であるから，

$$S_1 = \frac{1}{2} \times \mathrm{OT} \times \mathrm{TQ} = \frac{1}{2} r^2 \tan \theta$$

となる．また，

$$S_2 = \frac{1}{2} r^2 \theta$$

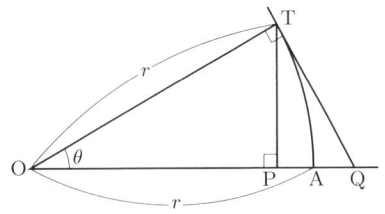

図 1.3　$\triangle \mathrm{OTQ}$ と扇形 OAT

であるので，

$$\frac{S_2}{S_1} = \frac{\theta}{\tan \theta} = \frac{\theta}{\sin \theta} \times \cos \theta$$

となる．したがって，$\displaystyle\lim_{\theta \to 0} \frac{S_2}{S_1} = 1 \times 1 = 1$ である．

(答) 1

第1章 ウォーミングアップレベル

(2) $PA = OA - OP = r - r\cos\theta = r(1-\cos\theta)$

また，$OQ = \dfrac{r}{\cos\theta}$ であるから，

$$PQ = OQ - OP = \dfrac{r}{\cos\theta} - r\cos\theta = \dfrac{r(1-\cos^2\theta)}{\cos\theta}$$

となる．よって，

$$\dfrac{PQ}{PA} = \dfrac{\dfrac{1-\cos^2\theta}{\cos\theta}}{1-\cos\theta} = \dfrac{1+\cos\theta}{\cos\theta}$$

となり，したがって，$\displaystyle\lim_{\theta\to 0}\dfrac{PQ}{PA} = \dfrac{1+1}{1} = 2$ である．

(答) 2

演習5 点 $A(4,1,6)$ を通り，$\vec{u}=(3,-5,2)$ を方向ベクトルとする直線を l とし，点 $B(0,-1,p)$ を通り，$\vec{v}=(1,7,-4)$ を方向ベクトルとする直線を m とします．2直線 l，m が交わるように p の値を定め，このときの交点の座標を求めなさい．

解答 直線 l，直線 m はそれぞれ，実数 s，t を用いて

$$(x,y,z) = (4,1,6) + s(3,-5,2) \qquad \cdots(1)$$
$$(x,y,z) = (0,-1,p) + t(1,7,-4) \qquad \cdots(2)$$

と媒介変数表示できる．

式 (1) から，$(x,y,z) = (4+3s,\ 1-5s,\ 6+2s)$ となり，式 (2) から，$(x,y,z) = (t,\ -1+7t,\ p-4t)$ となる．l，m が交点をもつ条件は，

$$\begin{cases} 4+3s = t & \cdots(3) \\ 1-5s = -1+7t & \cdots(4) \\ 6+2s = p-4t & \cdots(5) \end{cases}$$

を満たす s，t，p が存在することである．式 (3)×5+式 (4)×3 より $23 = -3+26t$ となる．よって，$t=1$ となり，式 (3) より $s=-1$ が得られる．さらに，式 (5) より $p = 6+2s+4t = 8$ となる．また，式 (1) より，交点の座標は $(1,6,4)$ となる．

(答) $p=8$，交点 $(1,6,4)$

2次検定

◇解 説

点 $A(\vec{a})$ を通り，$\vec{u}$ に平行な直線上の点を $P(\vec{p})$ とすると，

$$\vec{p} = \vec{a} + s\vec{u} \quad (\text{媒介変数 } s \text{ は任意の実数})$$

と表せる．これをベクトル方程式という（図1.4 参照）．

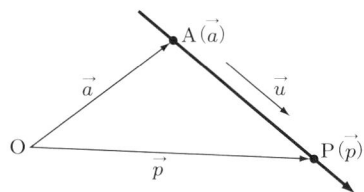

図1.4　ベクトル方程式のイメージ

演習6　数列 $\{a_n\}$ の初項 a_1 と，第 n 項までの和 S_n が，下のように表されているとき，この数列の第 n 項 a_n を求めなさい．

$$\begin{cases} a_1 = 2 \\ S_n = n^2 a_n \end{cases}$$

解 答　$n \geqq 2$ のとき

$$a_n = S_n - S_{n-1} = n^2 a_n - (n-1)^2 a_{n-1}$$

となり，これを変形して

$$(n^2 - 1)a_n = (n-1)^2 a_{n-1}$$

となる．$n \neq 1$ より，

$$(n+1)a_n = (n-1)a_{n-1}$$

なので，$a_n = \dfrac{n-1}{n+1} a_{n-1}$ が成り立つ．これより，$n \geqq 2$ ならば

$$a_n = \frac{n-1}{n+1} a_{n-1}$$

$$= \frac{n-1}{n+1} \frac{n-2}{n} a_{n-2}$$

$$\cdots$$

第1章 ウォーミングアップレベル

$$= \frac{\cancel{n-1}}{n+1} \cdot \frac{\cancel{n-2}}{n} \cdot \frac{\cancel{n-3}}{\cancel{n-1}} \cdot \frac{\cancel{n-4}}{\cancel{n-2}} \cdots \cdot \frac{\cancel{3}}{\cancel{5}} \cdot \frac{2}{\cancel{4}} \cdot \frac{1}{\cancel{3}} \cdot a_1$$

$$= \frac{2 \cdot 1}{n(n+1)} a_1 = \frac{4}{n(n+1)}$$

となる．この式に $n=1$ を代入すると，$a_1 = 2$ となるので，$n \geqq 1$ でも成り立つ．よって，$a_n = \dfrac{4}{n(n+1)}$ となる．

(答) $\underline{a_n = \dfrac{4}{n(n+1)}}$

◇解 説

$S_n = a_1 + a_2 + \cdots + a_n$ が与えられたとき

$$a_1 = S_1 \quad (n=1 \text{ のとき}) \quad \cdots(1)$$
$$a_n = S_n - S_{n-1} \quad (n \geqq 2 \text{ のとき}) \quad \cdots(2)$$

は，確実に理解しておくこと．さらに，式 (2) を解いて求めた a_n に $n=1$ を代入して，式 (1) の a_1 と一致するかどうかまで確認することがポイントである．

演習7 次の極限を求めなさい．ただし，$0 < a < b$ とします．
$$\lim_{x \to \infty} (a^x + b^x)^{\frac{1}{x}}$$

解 答 $0 < a < b$ より，$x > 0$ のとき，

$$0 < a^x < b^x$$
$$b^x < a^x + b^x < 2b^x$$
$$(b^x)^{\frac{1}{x}} < (a^x + b^x)^{\frac{1}{x}} < (2b^x)^{\frac{1}{x}}$$

となる．ここで，

$$\lim_{x \to \infty} (b^x)^{\frac{1}{x}} = \lim_{x \to \infty} b = b$$
$$\lim_{x \to \infty} (2b^x)^{\frac{1}{x}} = \lim_{x \to \infty} 2^{\frac{1}{x}} \cdot b = b$$

となるから，はさみうちの原理より，

$$\lim_{x \to \infty} (a^x + b^x)^{\frac{1}{x}} = b$$

である．

(答) b

別 解

$a^x + b^x = b^x \left\{ \left(\dfrac{a}{b}\right)^x + 1 \right\}$ から，

$$(a^x + b^x)^{\frac{1}{x}} = \left[b^x \left\{ \left(\dfrac{a}{b}\right)^x + 1 \right\} \right]^{\frac{1}{x}} = b \left\{ \left(\dfrac{a}{b}\right)^x + 1 \right\}^{\frac{1}{x}}$$

となる．ここで，$x \to \infty$ から，$x > 1$，$0 < \dfrac{1}{x} < 1$，$\left(\dfrac{a}{b}\right)^x + 1 > 1$ なので，

$$1 = \left\{ \left(\dfrac{a}{b}\right)^x + 1 \right\}^0 < \left\{ \left(\dfrac{a}{b}\right)^x + 1 \right\}^{\frac{1}{x}} < \left(\dfrac{a}{b}\right)^x + 1$$

が成り立つ．よって，

$$b < b\left\{ \left(\dfrac{a}{b}\right)^x + 1 \right\}^{\frac{1}{x}} < b\left\{ \left(\dfrac{a}{b}\right)^x + 1 \right\}$$

であり，$\lim\limits_{x \to \infty} b\left\{ \left(\dfrac{a}{b}\right)^x + 1 \right\} = b$ $\left(\because 0 < \dfrac{a}{b} < 1 \right)$ から，はさみうちの原理より，

$$\lim_{x \to \infty} (a^x + b^x)^{\frac{1}{x}} = b$$

となる．

◇ 参 考

はさみうちの原理とは，次のようなものである．

$$f(x) < g(x) < h(x) \quad \text{かつ} \quad \lim_{x \to a} f(x) = \lim_{x \to a} h(x) = A \quad \text{ならば} \quad \lim_{x \to a} g(x) = A$$

極限を直接求めにくい場合，有効な方法である．

はさみうちの原理を使う例題を示そう．

θ を定数とするとき，$\lim\limits_{n \to \infty} \dfrac{\sin n\theta}{n}$，$\lim\limits_{n \to \infty} \dfrac{\cos n\theta}{n}$ は以下のように求められる．

$-1 \leqq \sin n\theta \leqq 1$ であり，$n > 0$ より，次の式が成り立つ．

$$-\dfrac{1}{n} \leqq \dfrac{\sin n\theta}{n} \leqq \dfrac{1}{n}$$

第1章 ウォーミングアップレベル

$\displaystyle\lim_{n\to\infty}\left(-\frac{1}{n}\right)=\lim_{n\to\infty}\frac{1}{n}=0$ より，$\displaystyle\lim_{n\to\infty}\frac{\sin n\theta}{n}=0$ を得る．同様に，$\displaystyle\lim_{n\to\infty}\frac{\cos n\theta}{n}=0$ を得る．

演習8 a を正の定数とし，n を正の整数とします．次の極限値を求めなさい．

$$\lim_{n\to\infty}\left(\frac{1}{n+a}+\frac{1}{n+2a}+\frac{1}{n+3a}+\cdots+\frac{1}{n+na}\right)$$

解 答 区分求積法を用いる．

$$\frac{1}{n+a}+\frac{1}{n+2a}+\cdots+\frac{1}{n+na}=\sum_{k=1}^{n}\frac{1}{n+ka}=\frac{1}{n}\sum_{k=1}^{n}\frac{1}{1+a\cdot\dfrac{k}{n}}$$

であるから，求める極限値は

$$\lim_{n\to\infty}\frac{1}{n}\sum_{k=1}^{n}\frac{1}{1+a\cdot\dfrac{k}{n}}=\int_{0}^{1}\frac{1}{1+ax}\,dx$$

となる．ここで，$y=ax$ とおくと $\dfrac{dx}{dy}=\dfrac{1}{a}$ であり，また，

$$x:0\to 1\quad\text{のとき}\quad y:0\to a$$

であるから，

$$\int_{0}^{1}\frac{1}{1+ax}\,dx=\int_{0}^{a}\frac{1}{1+y}\cdot\frac{1}{a}\,dy=\frac{1}{a}\Big[\log_{e}(1+y)\Big]_{0}^{a}=\frac{\log_{e}(1+a)}{a}$$

となる．

(答) $\dfrac{\log_{e}(1+a)}{a}$

◇**参 考（区分求積法）**

図1.5のように，区間 $[a,b]$ を n 等分して，$a=x_0,x_1,x_2,x_3,\ldots,x_n=b$ とし，$\Delta x=\dfrac{b-a}{n}$，$x_k=a+k\Delta x$ とするとき，

$$\int_{a}^{b}f(x)\,dx=\lim_{n\to\infty}\sum_{k=1}^{n}f(x_k)\Delta x=\lim_{n\to\infty}\sum_{k=0}^{n-1}f(x_k)\Delta x \qquad\cdots(1)$$

このように積分を求めることを区分求積法という．とくに，式 (1) で $a=0$, $b=a$ として，次の式が成り立つ．

$$\int_0^a f(x)\,dx = \lim_{n\to\infty} \sum_{k=1}^{n} \frac{a}{n} f\left(\frac{ka}{n}\right) = \lim_{n\to\infty} \sum_{k=0}^{n-1} \frac{a}{n} f\left(\frac{ka}{n}\right) \qquad \cdots (2)$$

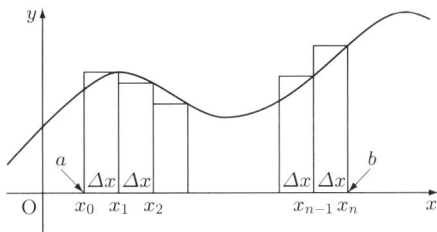

図 1.5　区分求積法

式 (2) で $a=1$ として，次の式が成り立つ．

$$\int_0^1 f(x)\,dx = \lim_{n\to\infty} \sum_{k=1}^{n} \frac{1}{n} f\left(\frac{k}{n}\right) = \lim_{n\to\infty} \sum_{k=0}^{n-1} \frac{1}{n} f\left(\frac{k}{n}\right) \qquad \cdots (3)$$

本問のように，数列の和を求めるとき各項に n がある場合，$\dfrac{a}{n}$ や $\dfrac{1}{n}$ でくくってみると，式 (2)，(3) のような区分求積法が利用できることがある．

演習9　m, n を整数とします．このとき，行列 $\begin{pmatrix} m+4 & -n \\ n-4 & m-2 \end{pmatrix}$ が逆行列をもたないような m, n の組をすべて求めなさい．

解答　行列 $\begin{pmatrix} m+4 & -n \\ n-4 & m-2 \end{pmatrix}$ が逆行列をもたないための条件は，

$$(m+4)(m-2) + n(n-4) = 0$$
$$m^2 + 2m - 8 + n^2 - 4n = 0$$
$$(m+1)^2 + (n-2)^2 = 13 \qquad \cdots (1)$$

である．式 (1) を満たす整数 $(m+1)$, $(n-2)$ の組は，$13 = 2^2 + 3^2$ より

◎ $m+1 = \pm 2$ と $n-2 = \pm 3$ との組合せ
◎ $m+1 = \pm 3$ と $n-2 = \pm 2$ との組合せ

をそれぞれ考え，次の 8 通りとなる．

第1章　ウォーミングアップレベル

$$(m+1,\ n-2) = (2,3),\ (3,2),\ (-2,3),\ (2,-3),$$
$$(3,-2),\ (-3,2),\ (-2,-3),\ (-3,-2)$$

したがって，

$$(m,n) = (1,5),\ (2,4),\ (-3,5),\ (1,-1),$$
$$(2,0),\ (-4,4),\ (-3,-1),\ (-4,0)$$

が得られる．(m,n) を m の値が大きいものから順に（等しい場合は n の値が大きいものから順に）並び替えると，次のようになる．

（答）$(m,n) = (2,4),\ (2,0),\ (1,5),\ (1,-1),$
$$(-3,5),\ (-3,-1),\ (-4,4),\ (-4,0)$$

◇参　考

$A = \begin{pmatrix} a & b \\ c & d \end{pmatrix}$ に対して，行列式を $\Delta = ad-bc$ とするとき，次のことが成り立つ．

◎逆行列 A^{-1} が存在する　⇔　$\Delta = ad-bc \neq 0$

この場合，$A^{-1} = \dfrac{1}{ad-bc}\begin{pmatrix} d & -b \\ -c & a \end{pmatrix}$ が得られる．

◎逆行列 A^{-1} をもたない　⇔　$\Delta = ad-bc = 0$

▶練習問題〈1次検定〉◀

1 次の式を係数が整数の範囲で因数分解しなさい．

$$x^4 + 4$$

2 次の計算をしなさい．

$$\left\{x+y - \frac{(x-y)^2}{x+y}\right\} \times \left(\frac{1}{x} + \frac{1}{y}\right)$$

3 方程式 $\log_{10}(\log_2 x) = 2$ を解きなさい．

練習問題

4 右の図のような △ABC において，AB = 3，BC = 4，CA = 2 であるとき，次の問いに答えなさい．

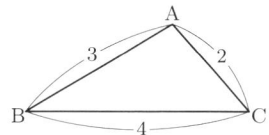

(1) $\cos A$ の値を求めなさい．

(2) △ABC の面積を求めなさい．

5 空間の 2 つのベクトル $\vec{a} = (1, -2, -1)$ と $\vec{b} = (3, 3, 6)$ のなす角 θ を求めなさい．

6 次の極限値を求めなさい．

$$\lim_{x \to \infty} \left(3x - 1 - \sqrt{9x^2 - 5x + 1}\right)$$

7 次の不定積分を求めなさい．

$$\int \tan^2 \theta \, d\theta$$

8 2 次正方行列 $A = \begin{pmatrix} 2 & x-1 \\ x+3 & -2 \end{pmatrix}$ とするとき，次の問いに答えなさい．

(1) $x = 0$ のとき，A^2 を求めなさい．

(2) A が逆行列をもたないように，x の値を定めなさい．

9 双曲線 $\dfrac{x^2}{9} - \dfrac{y^2}{25} = 1$ の焦点の座標を求めなさい．

10 方程式 $x^2 + y^2 + lx + my + n = 0$ が円を表すための l, m, n の条件を求めなさい．

▶ 練習問題〈2 次検定〉◀

1 $0° \leqq \theta < 360°$ のとき，次の問いに答えなさい．

(1) $\cos 3\theta + \cos 2\theta + \cos \theta = 0$ を θ について解きなさい．

(2) $\sin 3\theta + \sin 2\theta + \sin \theta = 0$ を θ について解きなさい．

2 相異なる 3 個の実数 x, y, z が $x^3 + y^3 + z^3 = 3xyz$ を満たすならば，$x + y + z = 0$ が成り立つことを示しなさい．

（証明技能）

第1章 ウォーミングアップレベル

3 x についての方程式 $(i+1)x^2 + (a+i)x + ai + 1 = 0$ が実数解をもつように，実数 a の値を定めなさい．ただし，i は虚数単位を表します．

4 下の不等式の表す領域を xy 平面に図示しなさい． （表現技能）

$$x^4 + (y^2 - 2y - 3)x^2 - 2y^3 + 6y < 0$$

5 平面上の △ABC について，次の問いに答えなさい． （証明技能）

(1) $\sin A + \sin B \leqq 2\cos\dfrac{C}{2}$ が成り立つことを示しなさい．

(2) 次の不等式が成り立つことを示し，等号が成り立つとき △ABC はどのような形の三角形であるかを答えなさい．

$$\sin A + \sin B + \sin C \leqq \cos\dfrac{A}{2} + \cos\dfrac{B}{2} + \cos\dfrac{C}{2}$$

6 平面上のベクトル $\vec{a}$, $\vec{b}$ の内積 $\vec{a}\cdot\vec{b}$ は，$\vec{a}$ と $\vec{b}$ のなす角を θ とすると，$\vec{a}\cdot\vec{b} = |\vec{a}||\vec{b}|\cos\theta$ と定義されます．$\vec{a} = (a_1, a_2)$, $\vec{b} = (b_1, b_2)$ とするとき，上の定義から，$\vec{a}\cdot\vec{b} = a_1 b_1 + a_2 b_2$ を導きなさい．

7 下の数列 $\{a_n\}$ について，第 n 項 a_n を求めなさい． （表現技能）

$$1,\ 11,\ 1111,\ 11111111,\ 1111111111111111,\ \ldots$$

8 関数 $f(x) = \displaystyle\lim_{n\to\infty} \dfrac{x^{2n-1} - x}{x^{2n} + 1}$ のグラフをかきなさい． （表現技能）

9 次の定積分を求めなさい．

$$\int_0^1 \dfrac{2\,dx}{x^3 + 9x^2 + 26x + 24}$$

10 行列 $A = \begin{pmatrix} a & b \\ c & d \end{pmatrix}$ （a, b, c, d は実数）が $A^2 = -E$ を満たすとき，次の問いに答えなさい．ただし，E は単位行列を表します．

(1) $a + d$ および $ad - bc$ の値を求めなさい．

(2) $bc \leqq -1$ であることを示しなさい．

Chapter 2 実践力養成レベル

〈1 次検定〉

演習 1 下の等式が，x についての恒等式となるように，a, b, c の値を定めなさい．

$$a(x-2)(x+2) + bx(x-2) + c(x+2) = 6x - 4$$

解 答 $a = 2$, $b = -2$, $c = 2$

◆解 説

数値代入法で解く．

$$a(x-2)(x+2) + bx(x-2) + c(x+2) = 6x - 4 \quad \cdots(1)$$

式 (1) に $x = 2$ を代入して

$$4c = 8 \quad から \quad c = 2 \quad \cdots(2)$$

となり，式 (1) に $x = -2$ を代入して

$$8b = -16 \quad から \quad b = -2$$

となり，式 (1) に $x = 0$ を代入して

$$-4a + 2c = -4 \quad \cdots(3)$$

となる．さらに，式 (2) を式 (3) に代入して，

$$-4a + 4 = -4 \quad から \quad a = 2$$

が得られる．よって，$a = 2$, $b = -2$, $c = 2$ となる．

◆別 解

係数比較法で解く．

第2章　実践力養成レベル

$$a(x-2)(x+2) + bx(x-2) + c(x+2) = 6x - 4$$

の左辺を展開・整理して，

$$(a+b)x^2 + (c-2b)x + 2c - 4a = 6x - 4$$

となる．よって，

$$\begin{cases} a+b=0 \\ c-2b=6 \\ 2c-4a=-4 \end{cases}$$

を解いて，$a=2$, $b=-2$, $c=2$ が得られる．

◇参　考（恒等式となるための条件）

$$a_0 x^n + a_1 x^{n-1} + a_2 x^{n-2} + \cdots + a_n = b_0 x^m + b_1 x^{m-1} + b_2 x^{m-2} + \cdots + b_m$$
$$\Leftrightarrow \quad n = m \quad \text{かつ} \quad a_0 = b_0,\ a_1 = b_1,\ \ldots,\ a_n = b_m$$

演習2　a, b を実数とします．$x = -1 + \sqrt{3}\,i$ が3次方程式 $x^3 + ax^2 + 3x + b = 0$ の解であるとき，この方程式の実数解を求めなさい．

解答　$\dfrac{1}{2}$

解説

$x = -1 + \sqrt{3}\,i$ を $x^3 + ax^2 + 3x + b = 0$ に代入して

$$\left(-1+\sqrt{3}\,i\right)^3 + a\left(-1+\sqrt{3}\,i\right)^2 + 3\left(-1+\sqrt{3}\,i\right) + b = 0$$

となる．上式を展開・整理して，

$$5 - 2a + b + (3 - 2a)\sqrt{3}\,i = 0 \qquad \cdots (1)$$

が得られる．式(1)から

$$5 - 2a + b = 0 \quad \text{かつ} \quad 3 - 2a = 0$$

となる．よって，

$$a = \frac{3}{2}, \quad b = -2$$

— 26 —

が得られる．a, b をもとの 3 次方程式に代入して，

$$x^3 + \frac{3}{2}x^2 + 3x - 2 = 0$$

$$2x^3 + 3x^2 + 6x - 4 = 0$$

$$(2x - 1)(x^2 + 2x + 4) = 0$$

となる．よって，実数解は，$x = \dfrac{1}{2}$ と求められる．

別 解 1

$x^3 + ax^2 + 3x + b = 0$ は係数が実数なので，$-1 + \sqrt{3}\,i$ を解にもつとき，$-1 - \sqrt{3}\,i$ も解にもつ．よって，$\{x - (-1 + \sqrt{3}\,i)\}\{x - (-1 - \sqrt{3}\,i)\} = x^2 + 2x + 4$ を因数にもつ．$x^3 + ax^2 + 3x + b = (x^2 + 2x + 4)(x + a - 2) + (3 - 2a)x + b - 4(a - 2)$ から，剰余 $(3 - 2a)x + b - 4(a - 2) = 0$ となるためには，

$$3 - 2a = 0, \quad b - 4(a - 2) = 0 \quad \text{すなわち} \quad a = \frac{3}{2}, \ b = -2$$

以下，解説と同様に，実数解は $x = \dfrac{1}{2}$ と求められる．

別 解 2

$x^3 + ax^2 + 3x + b = 0$ の 3 つの解を $\alpha = -1 + \sqrt{3}\,i$，$\beta = -1 - \sqrt{3}\,i$，$\gamma$（実数）とすると，解と係数の関係から，次の式が成り立つ．

$$\begin{cases} \alpha + \beta + \gamma = -2 + \gamma = -a & \cdots(2) \\ \alpha\beta + \beta\gamma + \gamma\alpha = 4 - 2\gamma = 3 & \cdots(3) \\ \alpha\beta\gamma = 4\gamma = -b & \cdots(4) \end{cases}$$

式 (3) より，実数解 $\gamma = \dfrac{1}{2}$ が得られる．これより，式 (2)，(4) から $a = \dfrac{3}{2}$，$b = -2$ が得られる．

◆ **参 考**

一般に，実数係数の n 次の方程式が虚数解 $a + bi$ $(b \neq 0)$ をもてば，必ず $a - bi$ を解にもつ．$a - bi$ を $a + bi$ の共役複素数という．$n = 3$ ならば，$a + bi$，$a - bi$ のほかに 1 つの実数解をもつ．

第2章 実践力養成レベル

演習3 正の数 x, y が $x + 2y = 3$ を満たすとき，$\log_2 x + \log_2 y$ の最大値を求めなさい．

解答 $2\log_2 3 - 3$

解説

$y = \dfrac{3-x}{2}$ で，$y > 0$ より $x < 3$ となる．よって，

$$0 < x < 3$$

である．次に，

$$\log_2 x + \log_2 y = \log_2 xy = \log_2 \frac{3x - x^2}{2}$$

$$= \log_2 \frac{-\left(x - \frac{3}{2}\right)^2 + \frac{9}{4}}{2}$$

と計算できる．$0 < x < 3$ において，$-\left(x - \dfrac{3}{2}\right)^2 + \dfrac{9}{4}$ は $x = \dfrac{3}{2}$（このとき $y = \dfrac{3}{4}$）のとき最大値 $\dfrac{9}{4}$ をとる．また，$\log_2 t$ は t について単調増加である．よって，$\log_2 x + \log_2 y$ の最大値は，次のようになる．

$$\log_2 \frac{\frac{9}{4}}{2} = \log_2 \frac{9}{8} = \log_2 3^2 - \log_2 2^3 = 2\log_2 3 - 3$$

演習4 $\vec{a} = (1, -1, 1)$，$\vec{b} = (2, 0, 1)$，$\vec{c} = (1, 0, 0)$ とします．$\vec{a}$，$\vec{b}$ のいずれにも直交し，かつ $\vec{c}$ との内積が正であるような単位ベクトル $\vec{u}$ を求めなさい．

解答 $\vec{u} = \dfrac{1}{\sqrt{6}}(1, -1, -2)$

解説

単位ベクトル $\vec{u} = (x, y, z)$ について，

$$x^2 + y^2 + z^2 = 1 \qquad \cdots (1)$$

が成り立つ．$\vec{u}$ は $\vec{a}$ に直交するので，

$$\vec{a} \cdot \vec{u} = x - y + z = 0 \qquad \cdots(2)$$

となり，$\vec{b}$ にも直交するので，

$$\vec{b} \cdot \vec{u} = 2x + z = 0 \qquad \cdots(3)$$

となる．さらに，$\vec{c}$ との内積が正なので，

$$\vec{c} \cdot \vec{u} = x > 0 \qquad \cdots(4)$$

が成り立つ．式 (3) から

$$z = -2x \qquad \cdots(5)$$

となり，式 (5) を式 (2) に代入して，

$$y = -x \qquad \cdots(6)$$

が得られる．また，式 (5) と式 (6) を式 (1) に代入すると，

$$x^2 + (-x)^2 + (-2x)^2 = 1$$

となる．よって，式 (4) より，$x = \dfrac{1}{\sqrt{6}}$ が得られる．これを式 (5)，(6) に代入して，

$$y = -\frac{1}{\sqrt{6}}, \quad z = -\frac{2}{\sqrt{6}}$$

となる．したがって，$\vec{u} = \dfrac{1}{\sqrt{6}}(1, -1, -2)$ となる．

演習5 等差数列をなす3数があり，それらの和が51，積が4845であるとします．この3数のうち，最大の数を求めなさい．

解 答 19

解 説

3数を $x-a$, x, $x+a$ とすれば，次の式が成り立つ．

$$(x-a) + x + (x+a) = 51 \qquad \cdots(1)$$

第2章 実践力養成レベル

$$(x-a)x(x+a) = 4845 \qquad \cdots(2)$$

式 (1) から

$$3x = 51, \quad x = 17$$

となり，式 (2) に代入して，

$$17(289 - a^2) = 4845$$
$$289 - a^2 = 285$$

が得られる．$a^2 = 4$ から，$a = \pm 2$ となる．よって，3つの数は，

$a = 2$ のとき，15，17，19

$a = -2$ のとき，19，17，15

となり，どちらの場合も，最大の数は 19 となる．

別解

3つの数を x，$x+a$，$x+2a$ とする．このとき，
$$x + (x+a) + (x+2a) = 51 \qquad \cdots(3)$$
$$x(x+a)(x+2a) = 4845 \qquad \cdots(4)$$

となり，式 (3) から $x + a = 17$ が得られる．$a = 17 - x$ を式 (4) に代入して

$$17x(34 - x) = 4845$$

となる．これを展開・整理して，

$$(x-15)(x-19) = 0$$
$$x = 15, \ 19$$

を得る．
（i）$x = 15$ のとき，$a = 17 - 15 = 2$ となる．よって，3つの数は 15，17，19 である．
（ii）$x = 19$ のとき，$a = 17 - 19 = -2$ となる．よって，3つの数は 19，17，15 である．
どちらの場合も，最大の数は 19 となる．

演習6 次の極限値を求めなさい．

$$\lim_{x \to -0} \frac{1}{x} \left| \cos \frac{\pi - x}{2} \right|$$

1次検定

解　答　$-\dfrac{1}{2}$

解　説

$$\lim_{x\to -0}\dfrac{1}{x}\left|\cos\dfrac{\pi-x}{2}\right|=\lim_{x\to -0}\dfrac{1}{x}\left|\cos\left(\dfrac{\pi}{2}-\dfrac{x}{2}\right)\right|=\lim_{x\to -0}\dfrac{1}{x}\left|\sin\dfrac{x}{2}\right|$$

ここで，$t=-x$ とおくと，

$$\lim_{x\to -0}\dfrac{1}{x}\left|\sin\dfrac{x}{2}\right|=-\lim_{t\to +0}\dfrac{1}{t}\left|-\sin\dfrac{t}{2}\right|$$

となる．$t>0$ のとき，$\left|-\sin\dfrac{t}{2}\right|=\sin\dfrac{t}{2}$ であるから，次のように求められる．

$$\lim_{x\to -0}\dfrac{1}{x}\left|\sin\dfrac{x}{2}\right|=-\lim_{t\to +0}\dfrac{1}{t}\sin\dfrac{t}{2}=-\lim_{t\to +0}\dfrac{\sin\dfrac{t}{2}}{\dfrac{t}{2}}\cdot\dfrac{1}{2}=-\dfrac{1}{2}$$

◇参　考（右方極限，左方極限）

$x\to a-0$ とは，$x<a$ で，x が限りなく a に近づくことを表す（左方極限）．
$x\to a+0$ とは，$x>a$ で，x が限りなく a に近づくことを表す（右方極限）．
とくに $a=0$ のとき，$x\to 0-0$ のかわりに $x\to -0$，$x\to 0+0$ のかわりに $x\to +0$ と表す．図 2.1 に，そのイメージ図を示す．

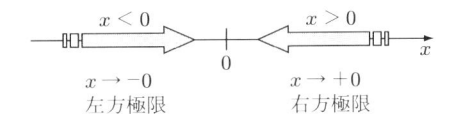

図 2.1　左方極限，右方極限のイメージ

演習7

次の問いに答えなさい．

(1) 次の不定積分を求めなさい．

$$\int\dfrac{(\sqrt{x}-1)^5}{\sqrt{x}}\,dx$$

(2) 次の定積分を求めなさい．

$$\int_1^4\dfrac{(\sqrt{x}-1)^5}{\sqrt{x}}\,dx$$

第2章 実践力養成レベル

解 答　(1) $\dfrac{1}{3}(\sqrt{x}-1)^6+C$　(C は積分定数)　(2) $\dfrac{1}{3}$

解 説

(1) $\sqrt{x}-1=t$ とおくと，$\sqrt{x}=t+1$ となる．
$\dfrac{1}{2}\dfrac{dx}{\sqrt{x}}=dt$, $dx=2(t+1)\,dt$ から，次のように求められる．

$$\int \dfrac{(\sqrt{x}-1)^5}{\sqrt{x}}\,dx = \int \dfrac{t^5}{t+1}\cdot 2(t+1)\,dt$$
$$= 2\int t^5\,dt = \dfrac{t^6}{3}+C = \dfrac{1}{3}(\sqrt{x}-1)^6+C$$

(2) $\displaystyle\int_1^4 \dfrac{(\sqrt{x}-1)^5}{\sqrt{x}}\,dx = \dfrac{1}{3}\left[(\sqrt{x}-1)^6\right]_1^4 = \dfrac{1}{3}$

演習8　$A=\begin{pmatrix} 1 & a \\ \sqrt{2} & b \end{pmatrix}$ (a, b は実数)，$E=\begin{pmatrix} 1 & 0 \\ 0 & 1 \end{pmatrix}$ とします．次の問いに答えなさい．
(1) $\sqrt{2}A-A^2=E$ が成り立つように a, b の値を求めなさい．
(2) (1) のとき，A^4 を求めなさい．

解 答　(1) $a=1-\sqrt{2}$, $b=\sqrt{2}-1$　(2) $\begin{pmatrix} -1 & 0 \\ 0 & -1 \end{pmatrix}$

解 説

(1) ケーリー・ハミルトンの定理から

$$A^2-(b+1)A+(b-\sqrt{2}\,a)E=O \quad \cdots(1)$$

が成り立つ．また，$\sqrt{2}A-A^2=E$ とすると，

$$A^2-\sqrt{2}A+E=O \quad \cdots(2)$$

が成り立つ．式(2)−式(1) から

$$(b+1-\sqrt{2})A=(b-1-\sqrt{2}\,a)E \quad \cdots(3)$$

となる．

(ⅰ) $b+1-\sqrt{2}=0$ のとき,式 (3) より $b-1-\sqrt{2}a=0$ となる.$b=\sqrt{2}-1$ から,$\sqrt{2}a=b-1=\sqrt{2}-2$ となる.よって,$a=1-\sqrt{2}$ が得られる.

(ⅱ) $b+1-\sqrt{2}\ne0$ のとき,式 (3) より $A=kE$ (k は実数) とおくことができる.これを式 (2) に代入すると,

$$(k^2-\sqrt{2}k+1)E=O$$

となる.$k^2-\sqrt{2}k+1=0$ を満たす実数 k は存在しない.したがって,この場合は不適.

以上より,$a=1-\sqrt{2}$,$b=\sqrt{2}-1$ となる.

(2) $A^2=\sqrt{2}A-E$ から,次のように求められる.

$$\begin{aligned}A^4=A^2A^2&=(\sqrt{2}A-E)(\sqrt{2}A-E)=2A^2-2\sqrt{2}A+E\\&=2(\sqrt{2}A-E)-2\sqrt{2}A+E\\&=2\sqrt{2}A-2E-2\sqrt{2}A+E=-E=\begin{pmatrix}-1&0\\0&-1\end{pmatrix}\end{aligned}$$

• 別 解

ケーリー・ハミルトンの定理を使わずに解く.
(1)
$$A=\begin{pmatrix}1&a\\\sqrt{2}&b\end{pmatrix},\quad A^2=\begin{pmatrix}1&a\\\sqrt{2}&b\end{pmatrix}\begin{pmatrix}1&a\\\sqrt{2}&b\end{pmatrix}=\begin{pmatrix}1+\sqrt{2}a&a+ab\\\sqrt{2}+\sqrt{2}b&\sqrt{2}a+b^2\end{pmatrix}$$

より,

$$\begin{aligned}\sqrt{2}A-A^2&=\begin{pmatrix}\sqrt{2}&\sqrt{2}a\\2&\sqrt{2}b\end{pmatrix}-\begin{pmatrix}1+\sqrt{2}a&a+ab\\\sqrt{2}+\sqrt{2}b&\sqrt{2}a+b^2\end{pmatrix}\\&=\begin{pmatrix}\sqrt{2}-1-\sqrt{2}a&\sqrt{2}a-a-ab\\2-\sqrt{2}-\sqrt{2}b&\sqrt{2}b-\sqrt{2}a-b^2\end{pmatrix}=\begin{pmatrix}1&0\\0&1\end{pmatrix}(=E)\end{aligned}$$

ここで,両辺を比べて,

$$\begin{cases}\sqrt{2}-1-\sqrt{2}a=1 & \cdots(4)\\\sqrt{2}a-a-ab=0 & \cdots(5)\\2-\sqrt{2}-\sqrt{2}b=0 & \cdots(6)\\\sqrt{2}b-\sqrt{2}a-b^2=1 & \cdots(7)\end{cases}$$

となる.式 (4) から $a=1-\sqrt{2}$ が,式 (6) から $b=\sqrt{2}-1$ が得られる.$a=1-\sqrt{2}$,

第2章　実践力養成レベル

$b = \sqrt{2} - 1$ を式 (5) の左辺に代入すると,

$$a(\sqrt{2} - 1 - b) = (1 - \sqrt{2})(\sqrt{2} - 1 - \sqrt{2} + 1) = 0$$

となり, 式 (5) を満たすことがわかる. 同様に, $a = 1 - \sqrt{2}$, $b = \sqrt{2} - 1$ を式 (7) の左辺に代入すると,

$$\sqrt{2}(b - a) - b^2 = \sqrt{2}(\sqrt{2} - 1 - 1 + \sqrt{2}) - (\sqrt{2} - 1)^2 = 1$$

となり, 式 (7) を満たすことがわかる.

(2) $A^4 = (A^2 - \sqrt{2}A + E)(A^2 + \sqrt{2}A + E) - E$ と変形できる. (1) の結果 $A^2 - \sqrt{2}A + E = O$ より, $A^4 = -E = \begin{pmatrix} -1 & 0 \\ 0 & -1 \end{pmatrix}$ となる.

演習9　次の極方程式を直交座標 (x, y) (ただし $x = r\cos\theta$, $y = r\sin\theta$) に関する方程式で表しなさい.

$$r = \frac{1}{1 - \sqrt{2}\sin\theta}$$

解答　$x^2 - (y + \sqrt{2})^2 = -1$

解説

$r = \dfrac{1}{1 - \sqrt{2}\sin\theta}$ から, $r - \sqrt{2}r\sin\theta = 1$ となる. よって, $\sqrt{x^2 + y^2} = \sqrt{2}y + 1$ が得られる. 両辺を 2 乗して整理すると,

$$x^2 - (y + \sqrt{2})^2 = -1$$

となり, これは, 双曲線 (直角双曲線) を表す.

◇**参考 (直交座標 (x, y) と極座標 (r, θ) の変換)**

$$\begin{cases} x = r\cos\theta \\ y = r\sin\theta \end{cases} \Leftrightarrow \begin{cases} r = \sqrt{x^2 + y^2} \\ \tan\theta = \dfrac{y}{x} \end{cases}$$

　　直交座標　　　　　極座標

なお, 求められた $x^2 - (y + \sqrt{2})^2 = -1$ は, 漸近線 $y = \pm x - \sqrt{2}$, 焦点の座標 $(0, 0)$, $(0, -2\sqrt{2})$ の双曲線となる (図 2.2 参照).

1次検定

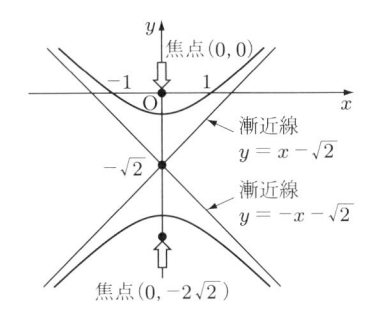

図2.2 双曲線 $x^2 - (y+\sqrt{2})^2 = -1$ のグラフ

演習 10　複素数 $z = -\sqrt{6} + \sqrt{2}\,i$ について，次の問いに答えなさい．
(1) z の偏角 θ_1 を求めなさい．ただし，$0° \leqq \theta_1 < 360°$ とします．
(2) z^6 の偏角 θ_2 を求めなさい．ただし，$0° \leqq \theta_2 < 360°$ とします．

解　答　(1) $\theta_1 = 150°$　　(2) $\theta_2 = 180°$

❖ **解　説**

(1) $z = -\sqrt{6} + \sqrt{2}\,i = 2\sqrt{2}\left(-\dfrac{\sqrt{3}}{2} + \dfrac{1}{2}i\right)$

これを複素数平面で表示すると，図 2.3 のようになる．

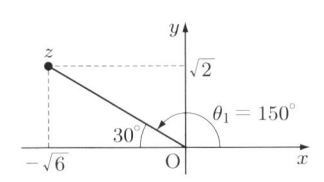

図 2.3　z の複素数平面での表示

よって，$\theta_1 = 150°$ である．
(2) z を極形式で表し，ド・モアブルの定理を使うと，次のようになる．

$$z = 2\sqrt{2}\,(\cos 150° + i \sin 150°)$$

$$z^6 = (2\sqrt{2})^6(\cos 150° \times 6 + i \sin 150° \times 6)$$

$$= (2\sqrt{2})^6(\cos 900° + i \sin 900°)$$

第2章 実践力養成レベル

すなわち，偏角 $\theta_2 = 900°$ となる．$0° \leqq \theta_2 < 360°$ から，$\theta_2 = 900° - 360° \times 2 = 180°$ である．

演習11 袋の中に赤玉 4 個と白玉 6 個が入っています．この袋から中を見ないで同時に 3 個取り出すとき，次の問いに答えなさい．
(1) 少なくとも 2 個赤玉が出る確率を求めなさい．
(2) 少なくとも 1 個赤玉が出る確率を求めなさい．

解 答 (1) $\dfrac{1}{3}$ (2) $\dfrac{5}{6}$

解 説

(1) 袋の中にある 10 個の玉から同時に 3 個取り出す場合の数は，

$$_{10}C_3 = \frac{10 \cdot 9 \cdot 8}{3 \cdot 2 \cdot 1} = 120 \text{ 通り}$$

である．また，少なくとも 2 個赤玉が出る場合の数は，

◎赤 2 個，白 1 個 $\cdots$ $_4C_2 \times {}_6C_1 = \dfrac{4 \cdot 3}{2 \cdot 1} \times 6 = 36$ 通り

◎赤 3 個 $\cdots$ $_4C_3 = 4$ 通り

の，計 40 通りで，求める確率は $\dfrac{40}{120} = \dfrac{1}{3}$ である．

(2) 少なくとも 1 個赤玉が出る確率は，3 個とも白玉が出るという事象の余事象の確率である．すなわち，

すべて白玉 3 個の場合 $\cdots$ $_6C_3 = \dfrac{6 \cdot 5 \cdot 4}{3 \cdot 2} = 20$ 通り

である確率 $\dfrac{20}{120} \left(= \dfrac{1}{6} \right)$ を，1 から引いた確率 $1 - \dfrac{1}{6} = \dfrac{5}{6}$ である．

別 解

(2) は次のように求めることもできる．少なくとも 1 個赤玉が出る場合の数は，

◎赤 1 個，白 2 個 $\cdots$ $_4C_1 \times {}_6C_2 = 4 \times \dfrac{6 \cdot 5}{2} = 60$ 通り

◎赤 2 個，白 1 個 $\cdots$ $_4C_2 \times {}_6C_1 = \dfrac{4 \cdot 3}{2} \times 6 = 36$ 通り

◎赤3個 ··· $_4C_3 = 4$ 通り

の計 100 通りで,求める確率は $\dfrac{100}{120} = \dfrac{5}{6}$ である.

演習12 点 $(-4, 0)$ から楕円 $\dfrac{x^2}{4} + \dfrac{y^2}{3} = 1$ に接線を引くとき,次の問いに答えなさい.

(1) 接点の座標を求めなさい.

(2) 接線の方程式を求めなさい.

解 答 (1) $\left(-1, \dfrac{3}{2}\right)$, $\left(-1, -\dfrac{3}{2}\right)$ (2) $y = \dfrac{1}{2}x + 2$, $y = -\dfrac{1}{2}x - 2$

解 説

(1) 楕円 $\dfrac{x^2}{4} + \dfrac{y^2}{3} = 1$ 上の点 (x_0, y_0) における接線の方程式は,

$$\dfrac{x_0 x}{4} + \dfrac{y_0 y}{3} = 1$$

である.この直線が点 $(-4, 0)$ を通るので,$x_0 = -1$ となる.また,$\dfrac{x_0{}^2}{4} + \dfrac{y_0{}^2}{3} = 1$ から,$\dfrac{(-1)^2}{4} + \dfrac{y_0{}^2}{3} = 1$ となるので,$y_0{}^2 = \dfrac{9}{4}$ が得られる.よって,$y_0 = \pm \dfrac{3}{2}$ が成り立つ.

以上より,接点の座標は,$\left(-1, \dfrac{3}{2}\right)$, $\left(-1, -\dfrac{3}{2}\right)$ となる.

(2) 接線の方程式 $3x_0 x + 4y_0 y = 12$ について,

(i) 接点が $\left(-1, \dfrac{3}{2}\right)$ の場合,

$$-3x + 6y = 12$$

となる.よって,$y = \dfrac{1}{2}x + 2$ が得られる.

(ii) 接点が $\left(-1, -\dfrac{3}{2}\right)$ の場合,同様にして,次の式が得られる.

$$y = -\dfrac{1}{2}x - 2$$

楕円と接線のグラフは図 2.4 のようになる.

第2章　実践力養成レベル

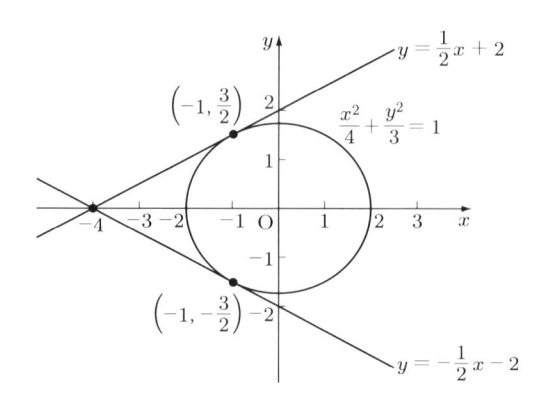

図 2.4　楕円 $\dfrac{x^2}{4} + \dfrac{y^2}{3} = 1$ と接線のグラフ

◇ **参　考（2 次曲線の接線の方程式）**

◎円 $x^2 + y^2 = r^2$ 上の点 (x_1, y_1) における接線の方程式：

$$x_1 x + y_1 y = r^2$$

◎楕円 $\dfrac{x^2}{a^2} + \dfrac{y^2}{b^2} = 1$ 上の点 (x_1, y_1) における接線の方程式：

$$\dfrac{x_1 x}{a^2} + \dfrac{y_1 y}{b^2} = 1$$

◎双曲線 $\dfrac{x^2}{a^2} - \dfrac{y^2}{b^2} = \pm 1$ 上の点 (x_1, y_1) における接線の方程式：

$$\dfrac{x_1 x}{a^2} - \dfrac{y_1 y}{b^2} = \pm 1$$

◎放物線 $y^2 = 4px$ 上の点 (x_1, y_1) における接線の方程式：

$$y_1 y = 2p(x + x_1)$$

〈2 次検定〉

演習1　実数 a, b, c, d に対して，$a^2 + b^2 + c^2 + d^2 = 1$ が成り立つとき，次の問いに答えなさい．

(1) $abcd$ の最大値と，そのときの a, b, c, d の条件をそれぞれ求めなさい．

2次検定

(2) $abcd$ の最小値と,そのときの a, b, c, d の条件をそれぞれ求めなさい.

解答 (1) $a^2 \geqq 0$, $b^2 \geqq 0$, $c^2 \geqq 0$, $d^2 \geqq 0$ より,相加平均と相乗平均の関係から

$$\frac{a^2+b^2+c^2+d^2}{4} = \frac{1}{2}\left(\frac{a^2+b^2}{2} + \frac{c^2+d^2}{2}\right)$$

$$\geqq \frac{1}{2}(\sqrt{a^2b^2} + \sqrt{c^2d^2}) = \frac{|ab|+|cd|}{2} \geqq \sqrt{|abcd|}$$

が得られる.ここで,等号が成り立つのは $a^2 = b^2$, $c^2 = d^2$, $|ab| = |cd|$, すなわち, $|a| = |b| = |c| = |d|$ のときである.

$a^2+b^2+c^2+d^2 = 1$ より $\sqrt{|abcd|} \leqq \dfrac{1}{4}$ となり,よって

$$-\frac{1}{16} \leqq abcd \leqq \frac{1}{16}$$

が成り立つ.したがって, $abcd$ の最大値は $\dfrac{1}{16}$ である.

$abcd = \dfrac{1}{16}$ が成り立つ条件は, $|a| = |b| = |c| = |d| = \dfrac{1}{2}$, かつ, a, b, c, d のうち偶数個(0個,2個,4個)が正で,ほかが負のときである.

(答) $\begin{cases} 最大値 \quad \dfrac{1}{16} \\ |a| = |b| = |c| = |d| = \dfrac{1}{2}, \text{かつ}, a, b, c, d \text{ のうち偶数個が正で,} \\ \text{ほかが負のとき} \end{cases}$

(2) (1) より, $abcd$ の最小値は $-\dfrac{1}{16}$ である.

$abcd = -\dfrac{1}{16}$ が成り立つ条件は, $|a| = |b| = |c| = |d| = \dfrac{1}{2}$, かつ, a, b, c, d のうち奇数個(1個,3個)が正で,ほかが負のときである.

(答) $\begin{cases} 最小値 \quad -\dfrac{1}{16} \\ |a| = |b| = |c| = |d| = \dfrac{1}{2}, \text{かつ}, a, b, c, d \text{ のうち奇数個が正で,} \\ \text{ほかが負のとき} \end{cases}$

第2章 実践力養成レベル

◈解 説

相加平均 $\geqq$ 相乗平均の関係を用いる.

一般に, $a_k \geqq 0 \; (k=1, 2, \ldots, n)$ のとき, 次の式が成り立つ.

$$\frac{a_1 + a_2 + \cdots + a_n}{n} \geqq \sqrt[n]{a_1 a_2 \cdots a_n} \quad (\text{等号は, } a_1 = a_2 = \cdots = a_n \text{ のとき成り立つ})$$

$n=4$ では, $\dfrac{a_1 + a_2 + a_3 + a_4}{4} \geqq \sqrt[4]{a_1 a_2 a_3 a_4}$ が成り立つ.

これを使うと, 本問は

$$\frac{a^2 + b^2 + c^2 + d^2}{4} \geqq \sqrt[4]{a^2 b^2 c^2 d^2} = \sqrt{\sqrt{(abcd)^2}} = \sqrt{|abcd|}$$

$$(\because \sqrt{(abcd)^2} = |abcd|)$$

と計算することもできる. 等号は, $a^2 = b^2 = c^2 = d^2$, すなわち, $|a|=|b|=|c|=|d|$ のとき成り立つ.

演習2

xy 平面上に, 直線 $x+y+1=0$ と楕円 $\dfrac{x^2}{a^2} + \dfrac{y^2}{b^2} = 1 \; (a>0, b>0)$ があります. これについて, 次の問いに答えなさい.

(1) 直線と楕円が共有点をもたないための必要十分条件を求めなさい.

(2) (1)の条件のもと, 点 P が直線上を, 点 Q が楕円上をそれぞれ動くとき, 線分 PQ の長さの最小値を求めなさい.

解 答

(1) $x+y+1=0$ より, $y=-x-1$ を $\dfrac{x^2}{a^2} + \dfrac{y^2}{b^2} = 1$ に代入して整理する. $\dfrac{x^2}{a^2} + \dfrac{(x+1)^2}{b^2} = 1$ より, $b^2 x^2 + a^2 (x+1)^2 = a^2 b^2$ となる. すなわち,

$$(a^2 + b^2) x^2 + 2a^2 x + a^2 (1-b^2) = 0 \qquad \cdots (1)$$

が成り立つ. 直線と楕円が共有点をもたないための必要十分条件は, 式(1)の判別式 < 0 から

$$(a^2)^2 - (a^2 + b^2) \cdot a^2 (1-b^2) = a^2 b^2 (a^2 + b^2 - 1) < 0$$

となる. $a^2 b^2 > 0$ より $a^2 + b^2 - 1 < 0$, すなわち

$$a^2 + b^2 < 1 \qquad \cdots (2)$$

を得る．逆に，式 (2) が成り立てば式 (1) の判別式は負となり，直線と楕円は共有点をもたない．

よって，求める条件は式 (2) である．

(答) $a^2 + b^2 < 1$

(2) 楕円上の点の座標は

$$(a\cos\theta,\ b\sin\theta) \quad (0° \leqq \theta < 360°)$$

と表せる．楕円上の点と直線 $x + y + 1 = 0$ との距離 d は，次のようになる．

$$d = \frac{|a\cos\theta + b\sin\theta + 1|}{\sqrt{2}} = \frac{|\sqrt{a^2+b^2}\sin(\theta+\alpha)+1|}{\sqrt{2}} \quad \cdots(3)$$

$$\left(\text{ただし}\ \cos\alpha = \frac{b}{\sqrt{a^2+b^2}},\ \sin\alpha = \frac{a}{\sqrt{a^2+b^2}}\right)$$

(1) の結果より，$0 < \sqrt{a^2+b^2} < 1$ であるから

$$\left|\sqrt{a^2+b^2}\sin(\theta+\alpha)\right| < 1$$

となる．

$$-1 < \sqrt{a^2+b^2}\sin(\theta+\alpha) < 1$$
$$0 < \sqrt{a^2+b^2}\sin(\theta+\alpha) + 1 < 2$$

より，式 (3) の分子の絶対値の中は正であり，

$$d = \frac{\sqrt{a^2+b^2}\sin(\theta+\alpha)+1}{\sqrt{2}}$$

が得られる．さらに，$-1 \leqq \sin(\theta+\alpha) \leqq 1$ より

$$\frac{-\sqrt{a^2+b^2}+1}{\sqrt{2}} \leqq d \leqq \frac{\sqrt{a^2+b^2}+1}{\sqrt{2}}$$

となる．以上より，求める最小値は $\dfrac{1-\sqrt{a^2+b^2}}{\sqrt{2}}$ である．

(答) $\dfrac{1-\sqrt{a^2+b^2}}{\sqrt{2}}$

第2章 実践力養成レベル

◇ 参 考

◎点 (x_1, y_1) から直線 $ax + by + c = 0$ におろした垂線の長さ（距離）d は

$$d = \frac{|ax_1 + by_1 + c|}{\sqrt{a^2 + b^2}}$$

である．とくに，原点との距離は $\dfrac{|c|}{\sqrt{a^2 + b^2}}$ である．

◎三角関数の合成

$$a\sin\theta + b\cos\theta = \sqrt{a^2 + b^2}\sin(\theta + \alpha)$$

ただし，$\sin\alpha = \dfrac{b}{\sqrt{a^2 + b^2}}$, $\cos\alpha = \dfrac{a}{\sqrt{a^2 + b^2}}$

演習3　O を原点とする空間内に単位ベクトル $\vec{n}$, $\vec{v}$ があります．点 $A(\vec{a})$ を通り，$\vec{n}$ に垂直な平面を α とします．平面 α 上にない点 $B(\vec{b})$ を通り，$\vec{v}$ に平行な直線を l とします．次の問いに答えなさい．

(1) 平面 α に関して，点 B と対称な点 C の位置ベクトル $\vec{c}$ を求めなさい．

(2) 平面 α に関して，直線 l と対称な直線を m とおきます．m の方向ベクトルを1つ求めなさい．

解　答　(1) 線分 BC は平面 α と垂直であるから，次が成り立つ．

$$\vec{c} - \vec{b} = k\vec{n} \quad (k : 実数) \qquad \cdots(1)$$

線分 BC の中点を M とすると，

$$\overrightarrow{AM} = \overrightarrow{OM} - \overrightarrow{OA} = \frac{\vec{b} + \vec{c}}{2} - \vec{a}$$

である．また，点 M は α 上にあるので，$\overrightarrow{AM} \perp \vec{n}$．よって，

$$\left(\frac{\vec{b} + \vec{c}}{2} - \vec{a}\right) \cdot \vec{n} = 0 \qquad \cdots(2)$$

が得られる．式 (1) より $\vec{c} = \vec{b} + k\vec{n}$ なので，これを式 (2) に代入すると，

$$\left(\vec{b} + \frac{k}{2}\vec{n} - \vec{a}\right) \cdot \vec{n} = 0$$

となり，$|\vec{n}| = 1$ に注意して，次が得られる．

$$k = 2(\vec{a} - \vec{b}) \cdot \vec{n}$$

これを式 (1) に代入して，

$$\vec{c} = \vec{b} + 2\{(\vec{a} - \vec{b}) \cdot \vec{n}\}\vec{n}$$

となる．

(答) $\underline{\vec{c} = \vec{b} + 2\{(\vec{a} - \vec{b}) \cdot \vec{n}\}\vec{n}}$

(2) (1) の結果より，l 上の点 P($\vec{p}$) の α に関する対称点 Q の位置ベクトル $\vec{q}$（m 上の点）は，

$$\vec{q} = \vec{p} + 2\{(\vec{a} - \vec{p}) \cdot \vec{n}\}\vec{n} \qquad \cdots (3)$$

で与えられることがわかる．$\vec{p}$ は

$$\vec{p} = \vec{b} + t\vec{v} \quad (t: 実数)$$

を満たすので，これを式 (3) に代入して，

$$\begin{aligned}
\vec{q} &= \vec{b} + t\vec{v} + 2\{(\vec{a} - \vec{b} - t\vec{v}) \cdot \vec{n}\}\vec{n} \\
&= \vec{b} + t\vec{v} + 2\{(\vec{a} - \vec{b}) \cdot \vec{n}\}\vec{n} - 2t(\vec{v} \cdot \vec{n})\vec{n} \\
&= \vec{b} + 2\{(\vec{a} - \vec{b}) \cdot \vec{n}\}\vec{n} + t\{\vec{v} - 2(\vec{v} \cdot \vec{n})\vec{n}\} \\
&= \vec{c} + t\{\vec{v} - 2(\vec{v} \cdot \vec{n})\vec{n}\}
\end{aligned}$$

が得られる．これが m のベクトル方程式であり，方向ベクトルとして，たとえば，$\vec{v} - 2(\vec{v} \cdot \vec{n})\vec{n}$ を選ぶことができる．

(答) $\underline{\vec{v} - 2(\vec{v} \cdot \vec{n})\vec{n}}$

◆ 解　説

問題内容を図 2.5(a) に図示する．また，(2) の解答のイメージを同図 (b) に示す．図 (b) において，$-(\vec{v} \cdot \vec{n})$ は $\vec{v}$ の $(-\vec{n})$ 方向への正射影となる．

第2章 実践力養成レベル

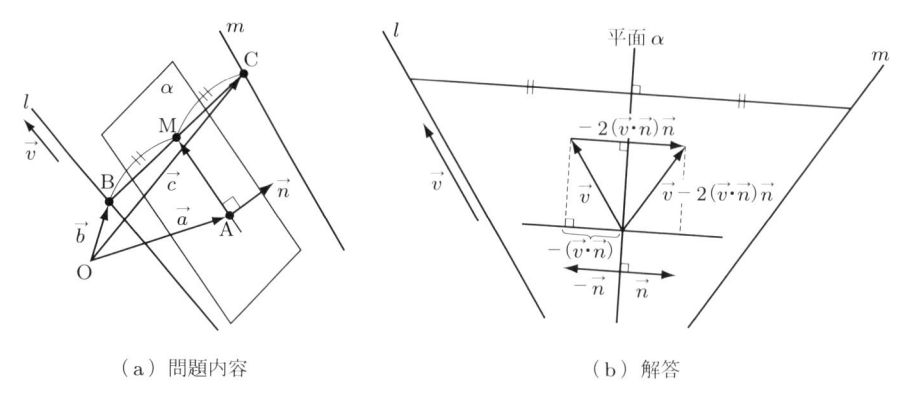

(a) 問題内容 (b) 解答

図2.5 イメージ図

演習4 p を正の定数とします.次の関係式によって定まる数列 $\{a_n\}$ について,以下の問いに答えなさい. (証明技能)

$$\begin{cases} a_1 = 1 \\ a_{n+1} = 1 + p\sum_{j=1}^{n} a_j \quad (n \geq 1) \end{cases}$$

(1) a_2, a_3, a_4 をそれぞれ求めなさい.
(2) 第 n 項 a_n を推定し,それが正しいことを数学的帰納法により示しなさい.

解答 (1) $a_2 = 1 + p\sum_{j=1}^{1} a_j = 1 + pa_1 = 1 + p$

$a_3 = 1 + p\sum_{j=1}^{2} a_j = 1 + p(a_1 + a_2)$
$= 1 + p(2 + p) = 1 + 2p + p^2 = (1+p)^2$

$a_4 = 1 + p\sum_{j=1}^{3} a_j = 1 + p(a_1 + a_2 + a_3)$
$= 1 + p(3 + 3p + p^2) = 1 + 3p + 3p^2 + p^3 = (1+p)^3$

(答) $a_2 = 1 + p$, $a_3 = (1+p)^2$, $a_4 = (1+p)^3$

(2) (1) の結果より,

$$a_n = (1+p)^{n-1} \quad (n = 1, 2, 3, \ldots) \qquad \cdots (1)$$

と推定できる．これが成り立つことを n に関する数学的帰納法によって示す．

$n=1$ のとき，$a_1 = 1$ より式 (1) は成り立つ．

$n \leqq k$ のとき式 (1) が成り立つ，すなわち

$$a_j = (1+p)^{j-1} \quad (1 \leqq j \leqq k) \qquad \cdots (2)$$

が成り立つと仮定する．$n=k+1$ のとき，式 (2) および等比数列の和の公式より，

$$a_{k+1} = 1 + p\sum_{j=1}^{k} a_j = 1 + p\sum_{j=1}^{k}(1+p)^{j-1}$$

$$= 1 + p\{1 + (1+p) + (1+p)^2 + \cdots + (1+p)^{k-1}\}$$

$$= 1 + p \cdot \frac{1-(1+p)^k}{1-(1+p)} = 1 - \{1-(1+p)^k\} = (1+p)^{(k+1)-1}$$

となる．よって，式 (1) が成り立つことがわかる．

以上より，$n=1,2,3,\ldots$ に対して式 (1) が成り立つこと，すなわち，

$$a_n = (1+p)^{n-1} \quad (n=1,2,3,\ldots)$$

であることが示された．

演習5 $0 \leqq x \leqq 2$ における連続関数 $f(x)$ を以下のように定めます．

$$f(x) = \begin{cases} 0 & (0 \leqq x \leqq 1) \\ x^2 - 1 & (1 \leqq x \leqq 2) \end{cases}$$

曲線 $y = f(x)$ $(0 \leqq x \leqq 2)$ を y 軸のまわりに 1 回転してできる容器に，毎秒一定量 a の割合で水を注ぎます．注がれた水の量が容器の容量の $\frac{4}{5}$ に等しくなった瞬間の，水面の上昇速度を求めなさい．

解答 容器は図 2.6 のような形をしている．容器の高さは，$f(2) = 2^2 - 1 = 3$ である．水を注ぎ始めてから t 秒後の水面の高さを h，容器内の水量を V とおく．このとき，水面の上昇速度は $\dfrac{dh}{dt}$ で与えられ，合成関数の微分公式より，

$$\frac{dh}{dt} = \frac{\dfrac{dV}{dt}}{\dfrac{dV}{dh}} \qquad \cdots (1)$$

第2章 実践力養成レベル

が成り立つ．注水量に関する条件より，

$$\frac{dV}{dt} = a \qquad \cdots(2)$$

が得られる．以下，h と V の関係を求める．

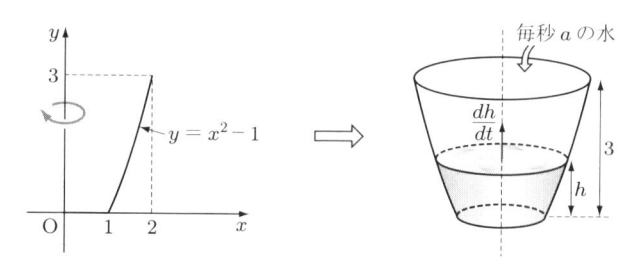

図 2.6 容器

平面 $y = s \ (0 \leqq s \leqq 3)$ による容器の切り口は円であり，その半径 $r = r(s)$ は

$$s = r^2 - 1 \qquad \cdots(3)$$

を満たす．よって，

$$V = \pi \int_0^h r(s)^2 \, ds = \pi \int_0^h (1+s) \, ds \quad (\because \text{式}(3))$$
$$= \pi \left[s + \frac{s^2}{2} \right]_0^h = \pi \left(h + \frac{h^2}{2} \right) \qquad \cdots(4)$$

となる．とくに，容器の容量は $\pi \left(3 + \frac{3^2}{2} \right) = \frac{15}{2}\pi$ であり，水の量が $\frac{4}{5} \times \frac{15}{2}\pi = 6\pi$ に等しくなるのは

$$\pi \left(h + \frac{h^2}{2} \right) = 6\pi$$

のときである．このとき，高さ h は，$h^2 + 2h - 12 = 0$ を解いて

$$h = \sqrt{13} - 1 \qquad \cdots(5)$$

であることがわかる．

式 (4) より

2次検定

$$\frac{dV}{dh} = \pi(1+h) \qquad \cdots (6)$$

となる．式 (1), (2), (6) より $\dfrac{dh}{dt} = \dfrac{a}{\pi(1+h)}$ であり，これに式 (5) を代入すると，求める水面の上昇速度は $\dfrac{a}{\sqrt{13}\,\pi}$ であることがわかる．

（答）$\dfrac{a}{\sqrt{13}\,\pi}$

演習6 関数 $f(x)$ は第 2 次導関数をもち，下の等式を満たすものとします．このとき，次の問いに答えなさい．ただし，a, b を定数とします．

（表現技能）

$$f(x) = \int_0^x f(t)\sin(x-t)\,dt + ax + b$$

(1) $f''(x)$ を x の整式で表しなさい．
(2) $f'(x)$ および $f(x)$ を x の整式で表しなさい．

解答

(1) $\sin(x-t) = \sin x \cos t - \cos x \sin t$ より，次が成り立つ．

$$f(x) = \sin x \int_0^x f(t)\cos t\,dt - \cos x \int_0^x f(t)\sin t\,dt + ax + b \quad \cdots (1)$$

$$f'(x) = \cos x \int_0^x f(t)\cos t\,dt + \sin x \cdot f(x)\cos x$$

$$\qquad + \sin x \int_0^x f(t)\sin t\,dt - \cos x \cdot f(x)\sin x + a$$

$$= \cos x \int_0^x f(t)\cos t\,dt + \sin x \int_0^x f(t)\sin t\,dt + a \qquad \cdots (2)$$

$$f''(x) = -\sin x \int_0^x f(t)\cos t\,dt + \cos^2 x \cdot f(x)$$

$$\qquad + \cos x \int_0^x f(t)\sin t\,dt + \sin^2 x \cdot f(x)$$

$$= -\sin x \int_0^x f(t)\cos t\,dt + \cos x \int_0^x f(t)\sin t\,dt + f(x)$$

式 (1) より，

第2章　実践力養成レベル

$$-\sin x \int_0^x f(t)\cos t\, dt + \cos x \int_0^x f(t)\sin t\, dt = -f(x) + ax + b$$

なので,

$$f''(x) = -f(x) + ax + b + f(x) = ax + b$$

となる.

(答) $f''(x) = ax + b$

(2) (1)の結果を積分して, $f'(x) = \dfrac{a}{2}x^2 + bx + C$ （C は積分定数）となる. 式(2)で $x = 0$ とおくと $f'(0) = a$ なので $C = a$. よって, $f'(x) = \dfrac{a}{2}x^2 + bx + a$ となる.

同様に, この式を積分して, $f(x) = \dfrac{a}{6}x^3 + \dfrac{b}{2}x^2 + ax + C_0$ （C_0 は積分定数）が得られる. 式(1)で $x = 0$ とおくと $f(0) = b$ なので, $C_0 = b$ となる. したがって, $f(x) = \dfrac{a}{6}x^3 + \dfrac{b}{2}x^2 + ax + b$ がわかる.

(答) $f'(x) = \dfrac{a}{2}x^2 + bx + a$, $f(x) = \dfrac{a}{6}x^3 + \dfrac{b}{2}x^2 + ax + b$

◇参　考

(1)で得られた $f''(x) = ax + b$ は微分方程式となり, 積分することによって, $f'(x)$, $f(x)$ を求めていくことができる.

また, $\dfrac{d}{dx}\displaystyle\int_a^x f(t)\, dt = f(x)$ は確実に理解すること. 本問では,

$$\frac{d}{dx}\int_0^x f(t)\sin t\, dt = f(x)\sin x, \quad \frac{d}{dx}\int_0^x f(t)\cos t\, dt = f(x)\cos x$$

となる.

演習7　右の図のように, Oを原点とする平面上で, 原点を中心とする半径1の円の周上に糸を巻きつけます. 糸の一方の端Pが点A(1,0)にくるように巻きつけた後, 糸をピンと張ったまま解きほぐしていきます. 糸と円との接点をQとすると, ∠PQO = 90°になります.

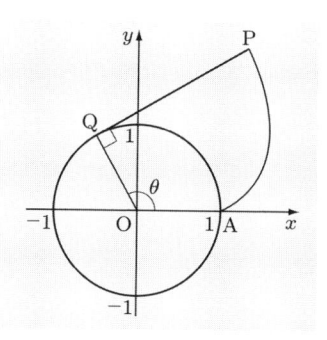

2次検定

∠AOQ $= \theta$ とし，点 P の描く曲線を C とするとき，次の問いに答えなさい．

(1) 曲線 C の媒介変数表示を求めなさい．　　　　（表現技能）

(2) θ が $0 \leqq \theta \leqq 2\pi$ の範囲で動くとき，曲線 C の長さを求めなさい．

解　答　　(1) 図 2.7 のように，ベクトルで考える．$\overrightarrow{OP} = \overrightarrow{OQ} + \overrightarrow{QP}$ であって，

$$\overrightarrow{OQ} = (\cos\theta, \sin\theta)$$

である．

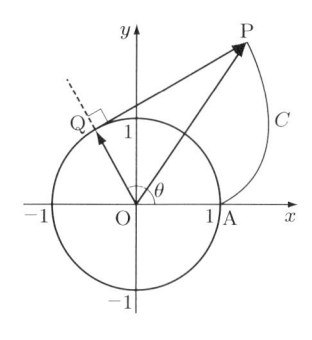

図2.7　曲線 C

また，QP $= \overparen{QA} = \theta$ であり，QP と x 軸の正の方向とのなす角は $\theta - \dfrac{\pi}{2}$ だから

$$\overrightarrow{QP} = \left(\theta\cos\left(\theta - \frac{\pi}{2}\right),\ \theta\sin\left(\theta - \frac{\pi}{2}\right)\right) = (\theta\sin\theta,\ -\theta\cos\theta)$$

となる．したがって，

$$\overrightarrow{OP} = \overrightarrow{OQ} + \overrightarrow{QP} = (\cos\theta + \theta\sin\theta,\ \sin\theta - \theta\cos\theta)$$

が成り立つ．これより，点 P の座標は $(\cos\theta + \theta\sin\theta,\ \sin\theta - \theta\cos\theta)$ となる．

(答) $\begin{cases} x = \cos\theta + \theta\sin\theta \\ y = \sin\theta - \theta\cos\theta \end{cases}$

(2) 求める曲線 C の長さを l とすると，

$$l = \int_0^{2\pi} \sqrt{\left(\frac{dx}{d\theta}\right)^2 + \left(\frac{dy}{d\theta}\right)^2}\, d\theta$$

である．ここで，次の計算ができる．

第2章 実践力養成レベル

$$\frac{dx}{d\theta} = -\sin\theta + \sin\theta + \theta\cos\theta = \theta\cos\theta$$

$$\frac{dy}{d\theta} = \cos\theta - \cos\theta + \theta\sin\theta = \theta\sin\theta$$

したがって，

$$l = \int_0^{2\pi} \sqrt{(\theta\cos\theta)^2 + (\theta\sin\theta)^2}\, d\theta = \int_0^{2\pi} \sqrt{\theta^2(\sin^2\theta + \cos^2\theta)}\, d\theta$$

$$= \int_0^{2\pi} \theta\, d\theta = \frac{1}{2}\bigl[\theta^2\bigr]_0^{2\pi} = 2\pi^2$$

が得られる．

(答) $2\pi^2$

◇参 考

$x = x(t)$, $y = y(t)$ ($\alpha \leqq t \leqq \beta$) と媒介変数で表された曲線の長さ l は，

$$l = \int_\alpha^\beta \sqrt{\left(\frac{dx}{dt}\right)^2 + \left(\frac{dy}{dt}\right)^2}\, dt$$

で求められる．また，$y = f(x)$ ($a \leqq x \leqq b$) で表された曲線の長さ l は，

$$l = \int_a^b \sqrt{1 + \left(\frac{dy}{dx}\right)^2}\, dx$$

で求められる．

本問の曲線 C はインボリュート（伸開線）とよばれ，図 2.8 のような形をしている．

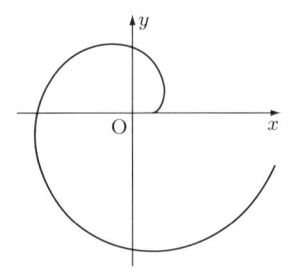

図 2.8 インボリュート

インボリュートは，固定された円形のリールに巻き取られた糸を，リール自体は回転させずにほどいていくときの，糸の端点の軌跡を表す．

演習8 $P = \begin{pmatrix} 1 & 0 \\ 0 & -1 \end{pmatrix}$, $E = \begin{pmatrix} 1 & 0 \\ 0 & 1 \end{pmatrix}$, $O = \begin{pmatrix} 0 & 0 \\ 0 & 0 \end{pmatrix}$ とします．2 次正方

2次検定

行列 $A = \begin{pmatrix} a & b \\ c & d \end{pmatrix}$ で

$$A^2 = E, \quad AP + PA = O$$

を満たすものの一般形を求めなさい． （表現技能）

解 答　$A^2 = E$ ···(1)

$AP + PA = O$ ···(2)

を同時に満たす $A = \begin{pmatrix} a & b \\ c & d \end{pmatrix}$ の一般形を求める．

$$AP + PA = \begin{pmatrix} a & b \\ c & d \end{pmatrix}\begin{pmatrix} 1 & 0 \\ 0 & -1 \end{pmatrix} + \begin{pmatrix} 1 & 0 \\ 0 & -1 \end{pmatrix}\begin{pmatrix} a & b \\ c & d \end{pmatrix}$$

$$= \begin{pmatrix} a & -b \\ c & -d \end{pmatrix} + \begin{pmatrix} a & b \\ -c & -d \end{pmatrix} = \begin{pmatrix} 2a & 0 \\ 0 & -2d \end{pmatrix}$$

および式(2)より，

$$a = d = 0$$

が成り立つ．よって，$A = \begin{pmatrix} 0 & b \\ c & 0 \end{pmatrix}$ であり，

$$A^2 = \begin{pmatrix} 0 & b \\ c & 0 \end{pmatrix}\begin{pmatrix} 0 & b \\ c & 0 \end{pmatrix} = \begin{pmatrix} bc & 0 \\ 0 & bc \end{pmatrix}$$

となる．これと式(1)より，

$$bc = 1$$

を得る．よって，A は

$$A = \begin{pmatrix} 0 & t \\ \dfrac{1}{t} & 0 \end{pmatrix} \quad (t \text{ は } 0 \text{ でない実数}) \quad \cdots(3)$$

の形をしていることが必要である．

逆に，式(3)で与えられる行列 A は，

第2章 実践力養成レベル

$$A^2 = \begin{pmatrix} 0 & t \\ \frac{1}{t} & 0 \end{pmatrix} \begin{pmatrix} 0 & t \\ \frac{1}{t} & 0 \end{pmatrix} = \begin{pmatrix} 1 & 0 \\ 0 & 1 \end{pmatrix}$$

$$AP + PA = \begin{pmatrix} 0 & t \\ \frac{1}{t} & 0 \end{pmatrix} \begin{pmatrix} 1 & 0 \\ 0 & -1 \end{pmatrix} + \begin{pmatrix} 1 & 0 \\ 0 & -1 \end{pmatrix} \begin{pmatrix} 0 & t \\ \frac{1}{t} & 0 \end{pmatrix}$$

$$= \begin{pmatrix} 0 & -t \\ \frac{1}{t} & 0 \end{pmatrix} + \begin{pmatrix} 0 & t \\ -\frac{1}{t} & 0 \end{pmatrix} = \begin{pmatrix} 0 & 0 \\ 0 & 0 \end{pmatrix}$$

より,式 (1), (2) をいずれも満たす.

以上より,求める行列 A の一般形は,式 (3) である.

(答) $A = \begin{pmatrix} 0 & t \\ \frac{1}{t} & 0 \end{pmatrix}$ (t は 0 でない実数)

別解

$AP + PA = \begin{pmatrix} 2a & 0 \\ 0 & -2d \end{pmatrix} = O$ から $a = d = 0$ である.

また,$A = \begin{pmatrix} a & b \\ c & d \end{pmatrix}$ について,ケーリー・ハミルトンの定理から

$$A^2 - (a+d)A + (ad - bc)E = O$$

が成り立つ.この式に $a = d = 0$ を代入して,

$$A^2 = bcE$$

となる.よって,$A^2 = E$ が成り立つには,$bc = 1$ でなければならない.

演習9 複素数平面上で複素数 z, z^2, z^3 の表す点をそれぞれ P, Q, R とします.∠PRQ $= 90°$ または $-90°$ となるような z が存在する範囲を求め,図示しなさい.ただし,P, Q, R は互いに異なる点とします.

解答 P, Q, R が異なる点であることから,

2次検定

$$\begin{cases} z \neq z^2 \text{ より, } z \neq 0, 1 \\ z^2 \neq z^3 \text{ より, } z \neq 0, 1 \\ z^3 \neq z \text{ より, } z \neq 0, \pm 1 \end{cases} \quad \cdots (1)$$

となる.

また, $\angle \mathrm{PRQ} = \pm 90°$ より,

$$\arg\left(\frac{z^2 - z^3}{z - z^3}\right) = \pm 90°$$

$$\arg\left(\frac{z^2(1-z)}{z(1+z)(1-z)}\right) = \pm 90°$$

$$\arg\left(\frac{z}{1+z}\right) = \pm 90° \quad \cdots (2)$$

が成り立つ. 式 (2) は $\dfrac{z}{1+z}$ が純虚数であることを示すので, 次のような計算ができる.

$$\frac{z}{1+z} + \overline{\left(\frac{z}{1+z}\right)} = 0 \Leftrightarrow \frac{z}{1+z} + \frac{\bar{z}}{1+\bar{z}} = 0 \Leftrightarrow z(1+\bar{z}) + \bar{z}(1+z) = 0$$

$$\Leftrightarrow 2z\bar{z} + z + \bar{z} = 0 \Leftrightarrow z\bar{z} + \frac{1}{2}z + \frac{1}{2}\bar{z} = 0 \Leftrightarrow \left(z + \frac{1}{2}\right)\left(\bar{z} + \frac{1}{2}\right) = \frac{1}{4}$$

$$\Leftrightarrow \left|z + \frac{1}{2}\right|^2 = \frac{1}{4}$$

これは, 中心が $z = -\dfrac{1}{2}$, 半径が $\dfrac{1}{2}$ の円周を表す (図 2.9). ただし, 式 (1) より, $z \neq 0, -1$ である.

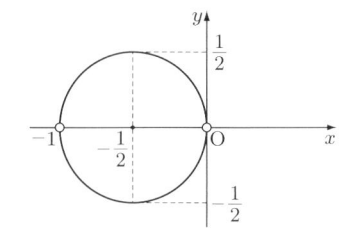

(答) $\left|z + \dfrac{1}{2}\right| = \dfrac{1}{2}$ (ただし, $z \neq 0, -1$)

図 2.9 z の存在範囲

第2章 実践力養成レベル

◇解 説

複素数平面での点 P, Q, R の位置は図 2.10(a) のようになり、$\arg\left(\dfrac{z^2 - z^3}{z - z^3}\right) = \pm 90°$ と表すことができることに注意する.

また,たとえば円周上の点を $z = \dfrac{1}{2}(-1 + i)$ とした場合,$z^2 = -\dfrac{1}{2}i$, $z^3 = \dfrac{1}{4}(1 + i)$ となって,図 2.10(b) のような位置関係になる.

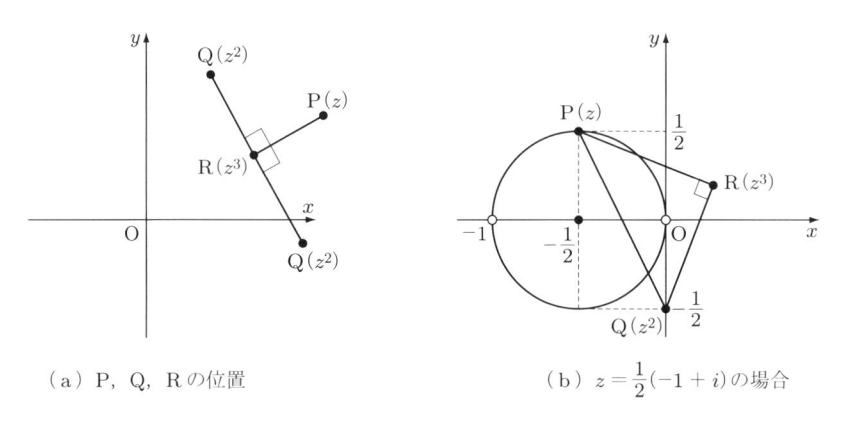

(a) P, Q, R の位置

(b) $z = \dfrac{1}{2}(-1 + i)$ の場合

図 2.10 複素数平面での点の位置関係

◇参 考

複素数 α に対して,共役複素数を $\overline{\alpha}$ で表すと,

① α が実数 $\Leftrightarrow$ $\alpha = \overline{\alpha}$　　② α が純虚数 $\Leftrightarrow$ $\alpha + \overline{\alpha} = 0$　　③ $|\alpha|^2 = \alpha\overline{\alpha}$

となる.さらに,β を複素数とすると,

④ $\overline{\alpha \pm \beta} = \overline{\alpha} \pm \overline{\beta}$　　⑤ $\overline{\alpha\beta} = \overline{\alpha}\,\overline{\beta}$　　⑥ $\overline{\left(\dfrac{\alpha}{\beta}\right)} = \dfrac{\overline{\alpha}}{\overline{\beta}}$　$(\beta \neq 0)$　　⑦ $\overline{(\overline{\alpha})} = \alpha$

が成り立つ.

演習10　ある工場で製造している製品 A の中から無作為に 1650 個を選んで調べたところ,198 個の不良品がありました.この工場で製造している製品 A の不良率 p について,次の問いに答えなさい.

ただし,確率変数 X が,平均 0,分散 1 の正規分布にしたがうとき

2次検定

$$P(-1.96 \leqq X \leqq 1.96) = 0.95, \ P(-2.58 \leqq X \leqq 2.58) = 0.99$$

を満たすものとします．
(1) 信頼度 95% の信頼区間を求めなさい．
(2) 信頼度 99% の信頼区間を求めなさい．

解　答　(1) 標本比率 $\bar{p}$ は，$\bar{p} = \dfrac{198}{1650} = 0.12$ である．信頼度 95% の信頼区間は，

$$\bar{p} - 1.96\sqrt{\frac{\bar{p}(1-\bar{p})}{n}} < p < \bar{p} + 1.96\sqrt{\frac{\bar{p}(1-\bar{p})}{n}}$$

$$0.12 - 1.96\sqrt{\frac{0.12(1-0.12)}{1650}} < p < 0.12 + 1.96\sqrt{\frac{0.12(1-0.12)}{1650}}$$

$$0.12 - 0.01568 < p < 0.12 + 0.01568$$

$$0.10432 < p < 0.13568$$

となる．

（答）$0.10432 < p < 0.13568$

(2) 信頼度 99% の信頼区間は，

$$\bar{p} - 2.58\sqrt{\frac{\bar{p}(1-\bar{p})}{n}} < p < \bar{p} + 2.58\sqrt{\frac{\bar{p}(1-\bar{p})}{n}}$$

$$0.12 - 2.58\sqrt{\frac{0.12(1-0.12)}{1650}} < p < 0.12 + 2.58\sqrt{\frac{0.12(1-0.12)}{1650}}$$

$$0.12 - 0.02064 < p < 0.12 + 0.02064$$

$$0.09936 < p < 0.14064$$

となる．

（答）$0.09936 < p < 0.14064$

解　説

標本比率 $\bar{p}$ から母集団の比率（母比率）p を推定する際，信頼度（95%，99%）と信頼区間の関係は確実に覚えること．
◎信頼度 95% の信頼区間

第2章　実践力養成レベル

$$\bar{p} - 1.96\sqrt{\frac{\bar{p}(1-\bar{p})}{n}} < p < \bar{p} + 1.96\sqrt{\frac{\bar{p}(1-\bar{p})}{n}}$$

◎信頼度 99% の信頼区間

$$\bar{p} - 2.58\sqrt{\frac{\bar{p}(1-\bar{p})}{n}} < p < \bar{p} + 2.58\sqrt{\frac{\bar{p}(1-\bar{p})}{n}}$$

演習11　n を 2 以上の整数として，1 から n までの数字が 1 つずつ書かれたカードがそれぞれ 2 枚ずつあります．これら $2n$ 枚のカードから同時に 3 枚取り出すとき，取り出した 3 枚のカードの数字の最小値を X とします．$X = k$ $(1 \leqq k \leqq n)$ となる確率を p_k とするとき，次の問いに答えなさい．

(1) p_k を求めなさい．
(2) X の期待値 $E(X)$ を求めなさい．

解答　(1) $X = k$ になる確率は，$X \geqq k$ である確率から $X \geqq k+1$ である確率を引いた差になるから，

$$\begin{aligned}
p_k &= \frac{{}_{2(n-k+1)}\mathrm{C}_3}{{}_{2n}\mathrm{C}_3} - \frac{{}_{2(n-(k+1)+1)}\mathrm{C}_3}{{}_{2n}\mathrm{C}_3} \\
&= \frac{(2n-2k+2)(2n-2k+1)(2n-2k)}{2n(2n-1)(2n-2)} \\
&\quad - \frac{(2n-2k)(2n-2k-1)(2n-2k-2)}{2n(2n-1)(2n-2)} \\
&= \frac{(n-k+1)(2n-2k+1)(n-k)}{n(2n-1)(n-1)} - \frac{(n-k)(2n-2k-1)(n-k-1)}{n(2n-1)(n-1)} \\
&= \frac{6(n-k)^2}{n(n-1)(2n-1)}
\end{aligned}$$

となる．

（答）$\dfrac{6(n-k)^2}{n(n-1)(2n-1)}$

(2) $E(X) = \displaystyle\sum_{k=1}^{n} k p_k = \sum_{k=1}^{n} \frac{6k(n-k)^2}{n(n-1)(2n-1)}$

$$= \frac{6}{n(n-1)(2n-1)} \sum_{k=1}^{n}(n^2 k - 2nk^2 + k^3)$$

$$= \frac{6}{n(n-1)(2n-1)} \left\{ n^2 \times \frac{n(n+1)}{2} - 2n \times \frac{n(n+1)(2n+1)}{6} + \frac{n^2(n+1)^2}{4} \right\}$$

$$= \frac{6}{n(n-1)(2n-1)} \times \frac{n^2(n+1)\{6n - 4(2n+1) + 3(n+1)\}}{12}$$

$$= \frac{6}{n(n-1)(2n-1)} \times \frac{n^2(n+1)(n-1)}{12} = \frac{n(n+1)}{2(2n-1)}$$

(答)　$E(X) = \dfrac{n(n+1)}{2(2n-1)}$

◇参　考

変数 X のとりうる値 $x_1, x_2, x_3, \ldots, x_n$ に対して，それぞれの確率が $p_1, p_2, p_3, \ldots, p_n$ のとき，

◎X の期待値：$E(X) = \displaystyle\sum_{k=1}^{n} x_k p_k \ (= m \ \text{とする})$

◎X の分散：$V(X) = \displaystyle\sum_{k=1}^{n} p_k (x_k - m)^2 = \sum_{k=1}^{n} p_k x_k^2 - m^2 = E(X^2) - \{E(X)\}^2$

である．

▶練習問題〈1次検定〉◀

1　次の等式を満たす実数 a, b の値を求めなさい．ただし，i は虚数単位を表します．

$$\frac{1}{2+3i} + \frac{2}{3+i} + \frac{3}{1+2i} = a + bi$$

2　点 $(4, 2)$ を通り，x 軸および y 軸に接する円の方程式を求めなさい．

3　次の連立方程式を解きなさい．

$$\begin{cases} 2^{x+1} - 3 \cdot 5^z = 1 \\ 4^x + 9^y + 3 \cdot 5^z = 88 \\ -2^{x+1} \cdot 3^y + 3 \cdot 5^z = -33 \end{cases}$$

第2章　実践力養成レベル

4 $\vec{a}=(5,5)$, $\vec{b}=(1,3)$, $\vec{c}=\vec{a}+t\vec{b}$ とします．このとき，$|\vec{c}|$ の最小値を求めなさい．ただし，t は実数とします．

5 次の和を求めなさい．
$$\frac{1}{2^2-1}+\frac{1}{3^2-1}+\frac{1}{4^2-1}+\cdots+\frac{1}{10^2-1}$$

6 $f(x)=x^2e^{2x}$ について，次の問いに答えなさい．
(1) $f'(x)$ を求めなさい．
(2) $f''(x)$ を求めなさい．

7 次の問いに答えなさい．ただし，e は自然対数の底を表します．
(1) 不定積分 $\displaystyle\int\frac{e^x}{1+e^x}\,dx$ を求めなさい．
(2) 定積分 $\displaystyle\int_{-a}^{a}\frac{e^x}{1+e^x}\,dx$ を求めなさい．ただし，a は正の定数とします．

8 2次正方行列 $A=\begin{pmatrix}1&2\\a&b\end{pmatrix}$ (a, b は実数)，$B=\begin{pmatrix}0&1\\-1&0\end{pmatrix}$ について，次の問いに答えなさい．
(1) $AB=BA$ が成り立つとき，a, b の値をそれぞれ求めなさい．
(2) (1)のとき，B^2-A^2 を計算しなさい．

9 下の t を媒介変数とする方程式について，次の問いに答えなさい．ただし，$t\neq 0$ とします．
$$\begin{cases}x=2t+\dfrac{2}{t}\\ y=t^2+\dfrac{1}{t^2}\end{cases}$$
(1) x がとりうる値の範囲を求めなさい．
(2) x と y の関係式になおしなさい．

10 3枚の硬貨を同時に投げるとき，次の問いに答えなさい．
(1) この操作を1回行って，表が2枚だけ出る確率を求めなさい．

(2) この操作を3回行って，表が2枚だけ出る回数がちょうど1回になる確率を求めなさい．

11 次の式の値を求めなさい．ただし，i は虚数単位を表します．

$$\frac{(\cos 40° + i\sin 40°)(\cos 70° + i\sin 70°)}{\cos 50° + i\sin 50°}$$

▶練習問題〈2次検定〉◀

1 4次方程式 $x^4 = 4x + 1$ を次の手順で解きなさい．

(1) 上の方程式の両辺に $2tx^2 + t^2$ を加えて

$$(x^2 + t)^2 = p(x + q)^2$$

の形に変形することができます．このような実数 t, p, q の値を求めなさい．

(2) 上の4次方程式を複素数の範囲で解きなさい．

2 下の不等式について，次の問いに答えなさい．ただし，a, b, c, x, y, z は実数とします．

$$(a^2 + b^2 + c^2)(x^2 + y^2 + z^2) \geqq (ax + by + cz)^2$$

(1) 上の不等式が成り立つことを証明しなさい． （証明技能）

(2) 等号が成り立つための条件を求めなさい．

3 次の等式を満たす △ABC はどんな三角形であるか理由をつけて答えなさい．

$$1 + \cos 2A + \cos 2B + \cos 2C = 0$$

4 平面上の $\vec{0}$ でない3つのベクトル $\vec{a}$, $\vec{b}$, $\vec{c}$ が

$$\begin{cases} \vec{a} + \vec{b} + \vec{c} = \vec{0} \\ \vec{a} \cdot \vec{b} = \vec{b} \cdot \vec{c} = \vec{c} \cdot \vec{a} \end{cases}$$

を満たすとします．このとき，$\vec{a} - \vec{b}$ と $\vec{b} - \vec{c}$ のなす角 θ を求めなさい．ただし $0° \leqq \theta \leqq 180°$ とします．

第2章　実践力養成レベル

5 2次正方行列 $A = \begin{pmatrix} a & b \\ c & d \end{pmatrix}$ に対して，$a+d$ を A のトレース (trace)，$ad-bc$ を A の行列式 (determinant) といい，それぞれ

$$\mathrm{tr}(A) = a+d, \ \det(A) = ad-bc$$

で表します．$B = \begin{pmatrix} p & q \\ r & s \end{pmatrix}$ として，次の問いに答えなさい． （証明技能）

(1) $\mathrm{tr}(A+B) = \mathrm{tr}(A) + \mathrm{tr}(B)$ が成り立つことを示しなさい．
(2) $\mathrm{tr}(AB) = \mathrm{tr}(BA)$ が成り立つことを示しなさい．
(3) $\det(AB) = \det(BA) = \det(A) \cdot \det(B)$ が成り立つことを示しなさい．

6 比 $1 : \dfrac{1+\sqrt{5}}{2}$ のことを黄金比といいます．黄金比は「最も調和のとれた比」とされ，例えば多くの絵画の構図の中にこの比を見つけることができます．

n を正の整数とするとき，

$$F_1 = 1, \ F_2 = 1, \ F_{n+2} = F_{n+1} + F_n$$

により定まる数列 $\{F_n\}$ をフィボナッチ数列，また

$$L_1 = 1, \ L_2 = 3, \ L_{n+2} = L_{n+1} + L_n$$

により定まる数列 $\{L_n\}$ をリュカ数列といいます．

$\displaystyle \lim_{n \to \infty} \frac{F_{n+1}}{F_n} = \lim_{n \to \infty} \frac{L_{n+1}}{L_n} = \frac{1+\sqrt{5}}{2}$ に代表されるように，$\dfrac{1+\sqrt{5}}{2}$ と F_n，L_n の間にはさまざまな関係が成り立つことが知られています．

正の整数 n について，$\left(\dfrac{1+\sqrt{5}}{2}\right)^n = \dfrac{L_n + F_n\sqrt{5}}{2}$ が成り立つことを示しなさい．

7 n を0以上の整数とします．このとき，下の式について，次の問いに答えなさい．

$$I_n = \int_0^{\frac{\pi}{2}} \sin^n x \, dx$$

(1) I_{n+2} を I_n を用いて表しなさい． （表現技能）
(2) $\dfrac{I_0}{I_{2011} I_{2010}}$ を求めなさい．

練習問題

8 A, B, Cの3人が，A, B, C, A, B, C, …の順にさいころを1回ずつ振ります．3人のうち，その直前の人が出した目と同じ目を出した人を勝者とし，勝者が決まるまで順番にさいころを振るものとします．このとき，A, B, Cが勝者になる確率をそれぞれ求めなさい．

9 複素数 $\alpha \neq 0$ に対して，α の関数

$$f(\alpha) = \frac{|\alpha^2 + \overline{\alpha}^2 + (\alpha + \overline{\alpha})^2|}{|\alpha|^2 + |\overline{\alpha}|^2 + |\alpha + \overline{\alpha}|^2}$$

を定義します．このとき，次の問いに答えなさい．ただし，$\overline{\alpha}$ は α の共役な複素数を表し，$|\alpha|$ は α の絶対値を表します．また，α の偏角は $0°$ 以上 $360°$ 未満とします．
(1) $f(\alpha)$ の最小値とそのときの α の偏角を求めなさい．
(2) $f(\alpha)$ の最大値とそのときの α の偏角を求めなさい．

10 次の条件をすべて満たす正の整数 n を考えます．

> n を素因数分解すると $p^s q^t$ の形で表され，次の①，②を両方とも満たす．
> ① p, q はともに素数で $p < q$ である．
> ② s, t はともに2以上の整数で，s と t は互いに素である．

このとき，上の条件を満たす n のうち，3けたの整数をすべて答えなさい．

Chapter 3 総仕上げレベル

〈1次検定〉

演習1 $f(x)$ を x の整式とします.次の2つの等式を同時に満たす $f(x)$ のうちで,次数がもっとも低いものを求めなさい.

$$\lim_{x \to -1} \frac{f(x)}{x+1} = 1, \quad \lim_{x \to 1} \frac{f(x)}{x-1} = 2$$

解答 $f(x) = \dfrac{1}{4}(3x+1)(x+1)(x-1)$

◆ **解説** ―――――――――――――――――――――

与えられた条件から,x の整式 $f(x)$ は $x+1$,$x-1$ を因数にもつので,$g(x)$ を任意の x の整式として $f(x) = (x+1)(x-1)g(x)$ と表される.

x の整式 $f(x)$ のうちで,次数がもっとも低いものを求めるには,$g(x)$ が定数,1次関数,… と次数を増やして考えてみる.

(ⅰ) $g(x) = c$(定数)とすると,

$$\lim_{x \to -1} \frac{f(x)}{x+1} = \lim_{x \to -1} \frac{c(x+1)(x-1)}{x+1} = -2c = 1$$

から

$$c = -\frac{1}{2}$$

となる.また,

$$\lim_{x \to 1} \frac{f(x)}{x-1} = \lim_{x \to 1} \frac{c(x+1)(x-1)}{x-1} = 2c = 2$$

から

$$c = 1$$

となり,c の値が異なるため不適.

(ⅱ) $g(x) = ax + b$(a,b は定数で,$a \neq 0$)とすると,

$$\lim_{x \to -1} \frac{f(x)}{x+1} = \lim_{x \to -1} \frac{(ax+b)(x+1)(x-1)}{x+1} = -2(-a+b) = 1$$

から

$$-a + b = -\frac{1}{2} \qquad \cdots(1)$$

となる．また，

$$\lim_{x \to 1} \frac{f(x)}{x-1} = \lim_{x \to 1} \frac{(ax+b)(x+1)(x-1)}{x-1} = 2(a+b) = 2$$

から

$$a + b = 1 \qquad \cdots(2)$$

となる．式 (1), (2) から $a = \dfrac{3}{4}$, $b = \dfrac{1}{4}$ となって，$g(x) = \dfrac{3x+1}{4}$ が得られる．したがって，

$$f(x) = (x+1)(x-1)g(x) = \frac{1}{4}(3x+1)(x+1)(x-1)$$

となる．

◇ 参 考

実際に確かめてみると，次のようになる．

$$\lim_{x \to -1} \frac{f(x)}{x+1} = \lim_{x \to -1} \frac{\dfrac{3x+1}{4}(x+1)(x-1)}{x+1} = \lim_{x \to -1} \frac{3x+1}{4}(x-1) = 1$$

$$\lim_{x \to 1} \frac{f(x)}{x-1} = \lim_{x \to 1} \frac{\dfrac{3x+1}{4}(x+1)(x-1)}{x-1} = \lim_{x \to 1} \frac{3x+1}{4}(x+1) = 2$$

演習2 x を実数とします．$2^{3+x} + 2^{3-x} - 4^x - 4^{-x}$ の値が最大となるときの x の値を求めなさい．

解 答 $\log_2(2 \pm \sqrt{3})$

◈ 解 説

$2^x = X \ (>0)$ とおくと，

第3章　総仕上げレベル

$$2^{3+x} + 2^{3-x} - 4^x - 4^{-x}$$
$$= 8X + \frac{8}{X} - X^2 - \frac{1}{X^2} = 8\left(X + \frac{1}{X}\right) - \left(X^2 + \frac{1}{X^2}\right)$$
$$= 8\left(X + \frac{1}{X}\right) - \left\{\left(X + \frac{1}{X}\right)^2 - 2\right\} = -\left(X + \frac{1}{X}\right)^2 + 8\left(X + \frac{1}{X}\right) + 2$$

となる．さらに，$X + \frac{1}{X} = t$ とおくと，

$$2^{3+x} + 2^{3-x} - 4^x - 4^{-x} = -t^2 + 8t + 2 = -(t-4)^2 + 18$$

となる．$X(=2^x) > 0$ より，$t = X + \frac{1}{X} \geq 2$（∵ 相加・相乗平均の関係）の範囲で

$$2^{3+x} + 2^{3-x} - 4^x - 4^{-x} = -(t-4)^2 + 18$$

は，$t = 4$ のとき最大値 18 をとる．そのとき x の値は，$t = \frac{X^2 + 1}{X} = 4$ から，$X = 2 \pm \sqrt{3} = 2^x$ を満たすものである．よって，$x = \log_2(2 \pm \sqrt{3})$ である．

◇参　考

$(2+\sqrt{3})(2-\sqrt{3}) = 1$ より，$\log_2(2+\sqrt{3}) + \log_2(2-\sqrt{3}) = 0$ となるから，

$$\log_2(2-\sqrt{3}) = -\log_2(2+\sqrt{3})$$

が成り立つ．したがって，$\log_2(2 \pm \sqrt{3})$ は $\pm \log_2(2+\sqrt{3})$ とも表せる．

演習3

$z^3 = i$ を満たす複素数 z をすべて求めなさい．ただし，i は虚数単位を表します．

解　答　$-i, \ \dfrac{\pm\sqrt{3} + i}{2}$

解　説

$z = a + bi$（a, b は実数）とおいて，

$$z^3 = a^3 + 3a^2 bi + 3a(bi)^2 + (bi)^3$$
$$= a^3 + 3a^2 bi - 3ab^2 - b^3 i = a^3 - 3ab^2 + (3a^2 b - b^3)i$$

となる．$a^3 - 3ab^2 + (3a^2 b - b^3)i = i$ から，

1次検定

$$a^3 - 3ab^2 = 0 \qquad \cdots(1)$$
$$3a^2b - b^3 = 1 \qquad \cdots(2)$$

が得られる．式 (1) から，$a(a^2 - 3b^2) = 0$ となり，よって，

$$a = 0 \quad \text{または} \quad a^2 = 3b^2$$

となる．

（ⅰ）$a = 0$ のとき

$a = 0$ を式 (2) に代入すると，$b^3 + 1 = 0$ となる．よって，

$$(b+1)(b^2 - b + 1) = 0$$

が得られる．b は実数だから，$b = -1$ となり，よって，$z = -i$ となる．

（ⅱ）$a^2 = 3b^2$ のとき

$a^2 = 3b^2$ を式 (2) に代入して，

$$8b^3 = 1$$
$$(2b-1)(4b^2 + 2b + 1) = 0$$

となる．b は実数だから，$b = \dfrac{1}{2}$ が得られる．これを $a^2 = 3b^2$ に代入すると，$a^2 = \dfrac{3}{4}$，$a = \pm\dfrac{\sqrt{3}}{2}$ から $z = \dfrac{\pm\sqrt{3} + i}{2}$ となる．

別解

ド・モアブルの定理を使う．
$z = r(\cos\theta + i\sin\theta)$ $(r > 0,\ 0° \leqq \theta < 360°)$ とおくと，

$$r^3(\cos 3\theta + i\sin 3\theta) = \cos 90° + i\sin 90°$$

となる．よって，

$$r^3 = 1 \text{ より } r = 1,$$
$$3\theta = 90° + 360° \times k \quad (k = 0, 1, 2) \text{ より } \theta = 30° + 120° \times k$$

が成り立つ．したがって，$z^3 = i$ を満たす解は，

$$z_k = \cos(30° + 120° \times k) + i\sin(30° + 120° \times k) \quad (k = 0, 1, 2)$$

である．

第3章 総仕上げレベル

◎ $k=0$ のとき，$z_0 = \cos 30° + i \sin 30° = \dfrac{\sqrt{3}+i}{2}$

◎ $k=1$ のとき，$z_1 = \cos 150° + i \sin 150° = \dfrac{-\sqrt{3}+i}{2}$

◎ $k=2$ のとき，$z_2 = \cos 270° + i \sin 270° = -i$

z_0，z_1，z_2 を複素数平面上に表示すると，図 3.1 のようになる．

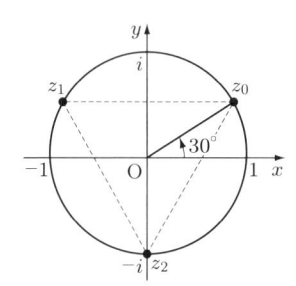

複素数平面上で $z^3 = i$ を表す点は，原点を中心とする半径 1 の円に内接する正三角形の頂点に対応する．

図 3.1　z_0，z_1，z_2 の複素数平面表示

◇ 参　考

1 の n 乗根，すなわち $z^n = 1$ の解は，$z = r(\cos\theta + i\sin\theta)$ $(r > 0,\ 0° \leqq \theta < 360°)$ とおくと，

$$r^n(\cos n\theta + i\sin n\theta) = \cos 0° + i\sin 0°$$

である．$r = 1$，$n\theta = 360° \times k$ $(k = 0, 1, 2, \ldots, n-1)$ より，$\theta = \dfrac{360° \times k}{n}$ となる．よって，$z_k = \cos\left(\dfrac{360° \times k}{n}\right) + i\sin\left(\dfrac{360° \times k}{n}\right)$ とすれば，解は

$$z_0 = 1,\ z_1 = \cos\dfrac{360°}{n} + i\sin\dfrac{360°}{n}\ (=\omega),\ z_2 = \omega^2,\ \ldots,\ z_{n-1} = \omega^{n-1}$$

である．複素数平面上では，1 の n 乗根を表す点は単位円に内接する正 n 角形の頂点であり，そのうち 1 つの頂点は 1 にある．

演習4　$(2x^2 + x - 3)^5$ を展開したときの x^5 の係数を求めなさい．

解　答　961

1次検定

◈解　説

$(2x^2+x-3)^5$ の一般項は,

$$\frac{5!}{p!\,q!\,r!}(2x^2)^p x^q(-3)^r = \frac{5!}{p!\,q!\,r!}2^p(-3)^r x^{2p+q}$$

である．ここで，p, q, r は負でない整数で，次の条件を満たすものである．

$$p+q+r=5 \qquad \cdots(1)$$
$$2p+q=5 \qquad \cdots(2)$$

式 (2) から，$p=\dfrac{5-q}{2}$ となる．p, q は負でない整数だから，$q=1,3,5$ である．これに対応して，$p=2,1,0$ でなければならない．よって，式 (1) から

$$(p,q,r)=(2,1,2),\ (1,3,1),\ (0,5,0)$$

が得られる．

$(p,q,r)=(2,1,2)$ のとき，$\dfrac{5!}{2!\,1!\,2!}2^2(-3)^2=1080$

$(p,q,r)=(1,3,1)$ のとき，$\dfrac{5!}{1!\,3!\,1!}2^1(-3)^1=-120$

$(p,q,r)=(0,5,0)$ のとき，$\dfrac{5!}{0!\,5!\,0!}2^0(-3)^0=1$

となる．したがって，求める解は，

$$1080-120+1=961$$

である．

◇参　考

n を任意の自然数とするとき，次の式が成り立つ．

$$(a+b+c+\cdots)^n=\sum \frac{n!}{p!\,q!\,r!\cdots}a^p b^q c^r\cdots$$

ただし，$\sum$ は，$p+q+r+\cdots=n$ を満たす 0 または正の整数のすべての組 $(p,q,r,\ldots)$ に対する和を表す．

第3章　総仕上げレベル

演習5　x についての2次方程式 $2x^2 - \sqrt{2}ax + b = 0$（$a$, b は正の整数）の2つの解が $\sin\theta$, $\cos\theta$（$0° \leq \theta < 360°$）であるとき，a, b, θ の値をそれぞれ求めなさい．

解　答　$a = 2$, $b = 1$, $\theta = 45°$

◆ 解　説

2次方程式の2つの解が $\sin\theta$, $\cos\theta$ なので，解と係数の関係から

$$\begin{cases} \sin\theta + \cos\theta = \dfrac{a}{\sqrt{2}} & \cdots(1) \\ \sin\theta\cos\theta = \dfrac{b}{2} & \cdots(2) \end{cases}$$

が成り立つ．式 (1) の両辺を 2 乗すると，

$$1 + 2\sin\theta\cos\theta = \frac{a^2}{2}$$

となり，これに式 (2) を代入すると，

$$b = \frac{a^2}{2} - 1$$

が得られる．よって，次の式が成り立つ．

$$a^2 - 2b = 2 \qquad \cdots(3)$$

また，式 (2) より，$b = \sin 2\theta$ であるから，

$$-1 \leq b\,(=\sin 2\theta) \leq 1$$

となる．b は正の整数より，$b = 1$ となる．

$b = 1$ を式 (3) に代入し，a が正の整数であることを用いると，

$$a = 2$$

となる．よって，$a = 2$, $b = 1$ が得られる．

したがって，2次方程式 $2x^2 - 2\sqrt{2}\,x + 1 = 0$ の解は，$(\sqrt{2}\,x - 1)^2 = 0$ より重解 $x = \dfrac{1}{\sqrt{2}}$ となって，$\sin\theta = \cos\theta = \dfrac{1}{\sqrt{2}}$ を満たす θ は，図 3.2 のように $\theta = 45°$ となる．

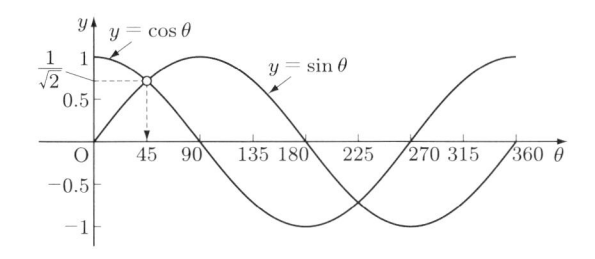

1次検定

図3.2 $y = \sin\theta$ と $y = \cos\theta$ のグラフ ($0° \leqq \theta \leqq 360°$)

演習6 a を正の定数とします．2つの円 $(x-2)^2 + (y+3)^2 = 25$ と $(x-a)^2 + (y-a)^2 = a^2$ が接するように a の値を定めなさい．

解答 $a = -6 + 4\sqrt{3},\ 4 + 2\sqrt{7}$

解説

$(x-2)^2 + (y+3)^2 = 25$ は中心 $(2, -3)$，半径 5 の円である．一方，$(x-a)^2 + (y-a)^2 = a^2$ は中心 (a, a)，半径 a の円なので，2つの円の中心間の距離 d は，

$$d = \sqrt{(a-2)^2 + (a+3)^2} = \sqrt{2a^2 + 2a + 13}$$

となる．
（i）2つの円が外接する場合

$$\sqrt{2a^2 + 2a + 13} = a + 5$$

が成り立つ．両辺を2乗して整理すると，

$$a^2 - 8a - 12 = 0$$
$$a = 4 \pm 2\sqrt{7}$$

となる．a は正の定数より，$a = 4 + 2\sqrt{7}$ である．
（ii）2つの円が内接する場合

$$\sqrt{2a^2 + 2a + 13} = |a - 5|$$

となる．両辺を2乗して

$$2a^2 + 2a + 13 = a^2 - 10a + 25$$
$$a^2 + 12a - 12 = 0$$

第3章 総仕上げレベル

$$a = -6 \pm 4\sqrt{3}$$

が得られる．a は正の定数より，$a = -6 + 4\sqrt{3}$ である．

◇ 参 考 ─────────────────────────────

2つの円が接する場合，外接と内接が考えられる．2つの円の半径を r_1, r_2 とすれば，円の中心間の距離 d は，図 3.3 のようになる．

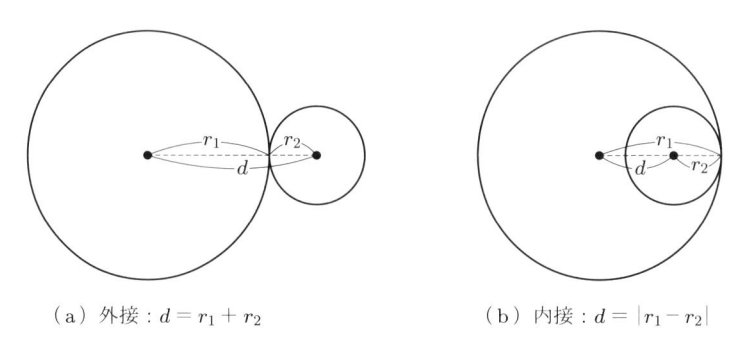

（a）外接：$d = r_1 + r_2$ 　　　（b）内接：$d = |r_1 - r_2|$

図 3.3　円の中心間の距離

また，本問の結果をグラフで表すと，図 3.4 のようになる．

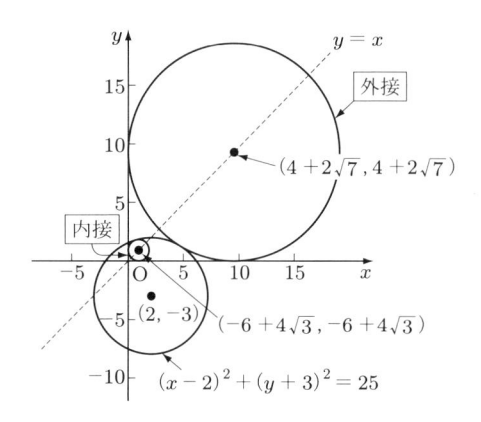

図 3.4　円 $(x-2)^2 + (y+3)^2 = 25$ と接する2つの円

演習7　行列 $A = \begin{pmatrix} a & b \\ b & a \end{pmatrix}$ について，次の問いに答えなさい．

(1) A^3 を求めなさい．

1次検定

(2) $A^3 = \begin{pmatrix} 0 & 1 \\ 1 & 0 \end{pmatrix}$ となるように，a, b の値を定めなさい．

ただし，a, b は実数とします．

解　答　(1) $A^3 = \begin{pmatrix} a^3 + 3ab^2 & 3a^2b + b^3 \\ 3a^2b + b^3 & a^3 + 3ab^2 \end{pmatrix}$　　(2) $a = 0$, $b = 1$

◆ **解　説**

(1) $A^2 = \begin{pmatrix} a & b \\ b & a \end{pmatrix} \begin{pmatrix} a & b \\ b & a \end{pmatrix} = \begin{pmatrix} a^2 + b^2 & 2ab \\ 2ab & a^2 + b^2 \end{pmatrix}$

$A^3 = A^2 A = \begin{pmatrix} a^2 + b^2 & 2ab \\ 2ab & a^2 + b^2 \end{pmatrix} \begin{pmatrix} a & b \\ b & a \end{pmatrix} = \begin{pmatrix} a^3 + 3ab^2 & 3a^2b + b^3 \\ 3a^2b + b^3 & a^3 + 3ab^2 \end{pmatrix}$

(2) $\begin{pmatrix} a^3 + 3ab^2 & 3a^2b + b^3 \\ 3a^2b + b^3 & a^3 + 3ab^2 \end{pmatrix} = \begin{pmatrix} 0 & 1 \\ 1 & 0 \end{pmatrix}$ から，次が得られる．

$a^3 + 3ab^2 = 0$ から

$$a(a^2 + 3b^2) = 0 \qquad \cdots (1)$$

である．また，

$$3a^2b + b^3 = 1 \qquad \cdots (2)$$

である．式 (1) から，$a = 0$ または $a^2 + 3b^2 = 0$ となる．

（ⅰ）$a = 0$ のとき，式 (2) に代入して，

$$b^3 = 1$$
$$(b-1)(b^2 + b + 1) = 0$$

b は実数だから，$b^2 + b + 1 \neq 0$ となるので，$b = 1$ が得られる．

（ⅱ）$a^2 + 3b^2 = 0$ のとき，a, b は実数だから，$a = b = 0$ となるが，これは式 (2) を満たさないので不適．

別　解

(1) ケーリー・ハミルトンの定理を用いると，

$$A^2 - 2aA + (a^2 - b^2)E = O$$

第3章　総仕上げレベル

$$A^2 = 2aA - (a^2 - b^2)E$$
$$A^3 = A^2 A = 2aA^2 - (a^2-b^2)A = 2a\{2aA - (a^2-b^2)E\} - (a^2-b^2)A$$
$$= 4a^2 A - 2a(a^2-b^2)E - (a^2-b^2)A = (3a^2+b^2)A - 2a(a^2-b^2)E$$
$$= (3a^2+b^2)\begin{pmatrix} a & b \\ b & a \end{pmatrix} - 2a(a^2-b^2)\begin{pmatrix} 1 & 0 \\ 0 & 1 \end{pmatrix}$$
$$= \begin{pmatrix} a^3+3ab^2 & 3a^2b+b^3 \\ 3a^2b+b^3 & a^3+3ab^2 \end{pmatrix}$$

演習8　a, b を実数とします．次の極限値を求めなさい．
$$\lim_{x \to \infty} \left\{ (x^3 + ax^2 + bx)^{\frac{1}{3}} - x \right\}$$

解答　$\dfrac{a}{3}$

解説

$$\lim_{x \to \infty} \left\{ (x^3 + ax^2 + bx)^{\frac{1}{3}} - x \right\} = \lim_{x \to \infty} \left\{ x\left(1 + \frac{a}{x} + \frac{b}{x^2}\right)^{\frac{1}{3}} - x \right\}$$
$$= \lim_{x \to \infty} x\left(\sqrt[3]{1 + \frac{a}{x} + \frac{b}{x^2}} - 1 \right)$$

ここで，有理化をする．

$$x\left(\sqrt[3]{1 + \frac{a}{x} + \frac{b}{x^2}} - 1 \right) = x\left(\sqrt[3]{1 + \frac{a}{x} + \frac{b}{x^2}} - \sqrt[3]{1} \right)$$

$$= \frac{x\left(\sqrt[3]{1 + \frac{a}{x} + \frac{b}{x^2}} - \sqrt[3]{1} \right)\left(\sqrt[3]{\left(1 + \frac{a}{x} + \frac{b}{x^2}\right)^2} + \sqrt[3]{1 + \frac{a}{x} + \frac{b}{x^2}} + \sqrt[3]{1} \right)}{\sqrt[3]{\left(1 + \frac{a}{x} + \frac{b}{x^2}\right)^2} + \sqrt[3]{1 + \frac{a}{x} + \frac{b}{x^2}} + \sqrt[3]{1}}$$

$$= \frac{x\left(1 + \frac{a}{x} + \frac{b}{x^2} - 1\right)}{\sqrt[3]{\left(1 + \frac{a}{x} + \frac{b}{x^2}\right)^2} + \sqrt[3]{1 + \frac{a}{x} + \frac{b}{x^2}} + 1}$$

$$= \frac{a + \dfrac{b}{x}}{\sqrt[3]{\left(1 + \dfrac{a}{x} + \dfrac{b}{x^2}\right)^2} + \sqrt[3]{1 + \dfrac{a}{x} + \dfrac{b}{x^2}} + 1}$$

であるから，$x \to \infty$ のとき，

$$\frac{a + \dfrac{b}{x}}{\sqrt[3]{\left(1 + \dfrac{a}{x} + \dfrac{b}{x^2}\right)^2} + \sqrt[3]{1 + \dfrac{a}{x} + \dfrac{b}{x^2}} + 1} \to \frac{a}{1+1+1} = \frac{a}{3}$$

となる．

◇参　考

立方根の分母の有理化は，$(x+y)(x^2 - xy + y^2) = x^3 + y^3$，$(x-y)(x^2 + xy + y^2) = x^3 - y^3$ を利用して，

$$\frac{1}{\sqrt[3]{a} + \sqrt[3]{b}} = \frac{\sqrt[3]{a^2} - \sqrt[3]{ab} + \sqrt[3]{b^2}}{(\sqrt[3]{a} + \sqrt[3]{b})(\sqrt[3]{a^2} - \sqrt[3]{ab} + \sqrt[3]{b^2})} = \frac{\sqrt[3]{a^2} - \sqrt[3]{ab} + \sqrt[3]{b^2}}{a+b}$$

$$\frac{1}{\sqrt[3]{a} - \sqrt[3]{b}} = \frac{\sqrt[3]{a^2} + \sqrt[3]{ab} + \sqrt[3]{b^2}}{(\sqrt[3]{a} - \sqrt[3]{b})(\sqrt[3]{a^2} + \sqrt[3]{ab} + \sqrt[3]{b^2})} = \frac{\sqrt[3]{a^2} + \sqrt[3]{ab} + \sqrt[3]{b^2}}{a-b}$$

となる．分子についても同様に行うことができる．

•別　解

二項定理より，

$$(1+x)^n = 1 + {}_nC_1 x + {}_nC_2 x^2 + \cdots = 1 + nx + \frac{n(n-1)}{2}x^2 + \cdots$$

となるので，$x \fallingdotseq 0$ では，$(1+x)^n \fallingdotseq 1 + nx$ の関係がある．

本問の場合，$x \to \infty$ のときは $x^{-1} \to 0$ なので，

$$\sqrt[3]{1 + \frac{a}{x} + \frac{b}{x^2}} = \left(1 + \frac{a}{x} + \frac{b}{x^2}\right)^{\frac{1}{3}} \fallingdotseq 1 + \frac{a}{3x}$$

となり，

$$x\left(\sqrt[3]{1 + \frac{a}{x} + \frac{b}{x^2}} - 1\right) \fallingdotseq x\left(1 + \frac{a}{3x} - 1\right) = \frac{a}{3}$$

となる．

第3章 総仕上げレベル

演習9 初項 1, 公比 i の等比数列 $\{a_n\}$ があります．この数列の初項から第 n 項までの和を S_n とするとき，次の問いに答えなさい．ただし，i は虚数単位を表します．

(1) S_n のとりうる値をすべて求めなさい．
(2) $S_n{}^2$ のとりうる値をすべて求めなさい．

解答 (1) $1,\ 1+i,\ i,\ 0$ (2) $1,\ 2i,\ -1,\ 0$

解説

(1) $S_n = 1 + i + i^2 + \cdots + i^{n-1} = \dfrac{1-i^n}{1-i} = \dfrac{(1-i^n)(1+i)}{(1-i)(1+i)} = \dfrac{(1+i)(1-i^n)}{2}$

i^n は n の値によって 4 通りの値をもつので，場合分けを行う．

(ⅰ) $n = 4, 8, 12, \ldots$，すなわち $n = 4k$ (k は自然数) のとき，$i^n = 1$ だから，

$$S_n = \frac{(1+i)(1-i^n)}{2} = \frac{(1+i)(1-1)}{2} = 0$$

となる．

(ⅱ) $n = 1, 5, 9, 13, \ldots$，すなわち $n = 4k+1$ ($k = 0, 1, \ldots$) のとき，$i^n = i$ だから，

$$S_n = \frac{(1+i)(1-i^n)}{2} = \frac{(1+i)(1-i)}{2} = 1$$

となる．

(ⅲ) $n = 2, 6, 10, 14, \ldots$，すなわち $n = 4k+2$ ($k = 0, 1, \ldots$) のとき，$i^n = -1$ だから，

$$S_n = \frac{(1+i)(1-i^n)}{2} = \frac{(1+i)(1-(-1))}{2} = 1+i$$

となる．

(ⅵ) $n = 3, 7, 11, 15, \ldots$，すなわち $n = 4k+3$ ($k = 0, 1, \ldots$) のとき，$i^n = -i$ だから，

$$S_n = \frac{(1+i)(1-i^n)}{2} = \frac{(1+i)(1-(-i))}{2} = i$$

となる．

(2) $S_n^2 = \left\{\dfrac{(1+i)(1-i^n)}{2}\right\}^2 = \dfrac{(1+2i+i^2)(1-2i^n+i^{2n})}{4}$

$= \dfrac{2i\{1-2i^n+(-1)^n\}}{4} = \dfrac{i}{2}\{1-2i^n+(-1)^n\}$

（ⅰ）$n=4,8,12,\ldots$，すなわち $n=4k$（k は自然数）のとき，$i^n=1$，$(-1)^n=1$ だから，

$$S_n^2 = \dfrac{i}{2}\{1-2i^n+(-1)^n\} = \dfrac{i}{2}(1-2+1) = 0$$

となる．

（ⅱ）$n=1,5,9,13,\ldots$，すなわち $n=4k+1$（$k=0,1,\ldots$）のとき，$i^n=i$，$(-1)^n=-1$ だから，

$$S_n^2 = \dfrac{i}{2}\{1-2i^n+(-1)^n\} = \dfrac{i}{2}(1-2i-1) = 1$$

となる．

（ⅲ）$n=2,6,10,14,\ldots$，すなわち $n=4k+2$（$k=0,1,\ldots$）のとき，$i^n=-1$，$(-1)^n=1$ だから，

$$S_n^2 = \dfrac{i}{2}\{1-2i^n+(-1)^n\} = \dfrac{i}{2}\{1-2\times(-1)+1\} = 2i$$

となる．

（ⅵ）$n=3,7,11,15,\ldots$，すなわち $n=4k+3$（$k=0,1,\ldots$）のとき，$i^n=-i$，$(-1)^n=-1$ だから，

$$S_n^2 = \dfrac{i}{2}\{1-2i^n+(-1)^n\} = \dfrac{i}{2}\{1-2(-i)-1\} = -1$$

となる．

演習10 $\triangle \mathrm{ABC}$ において，辺 AB 上に A から B の方向に順に $\mathrm{B}_1, \mathrm{B}_2, \ldots, \mathrm{B}_{n-1}$，$\mathrm{B}_n (=\mathrm{B})$ を，辺 AC 上に A から C の方向に順に $\mathrm{C}_1, \mathrm{C}_2, \ldots, \mathrm{C}_{n-1}$，$\mathrm{C}_n (=\mathrm{C})$ を，$\mathrm{B}_k \mathrm{C}_k \mathbin{/\mkern-5mu/} \mathrm{BC}$ ($k=1,2,\ldots,n-1$) となるようにとります．いま，$(n-1)$ 本の線分 $\mathrm{B}_k \mathrm{C}_k$ で $\triangle \mathrm{ABC}$ の面積を n 等分します．$\mathrm{B}_k \mathrm{C}_k = a_k$，$\mathrm{B}_n \mathrm{C}_n = \mathrm{BC} = a_n = 1$ とするとき，次の問いに答えなさい．

(1) $S_n = a_1^2 + a_2^2 + \cdots + a_n^2$ とするとき，S_n を n を用いて表しな

第3章 総仕上げレベル

さい．

(2) 極限値 $\lim_{n \to \infty} \dfrac{S_n}{n}$ を求めなさい．

解 答　(1) $S_n = \dfrac{n+1}{2}$　(2) $\dfrac{1}{2}$

解 説

$\triangle AB_1C_1$, $\triangle AB_2C_2$, $\ldots$, $\triangle AB_nC_n$ はすべて相似の関係にあって，面積比は，$a_1{}^2, a_2{}^2, \ldots, a_n{}^2$ である．図 3.5 に示すように，$\triangle ABC$ の面積を n 等分した $\triangle AB_1C_1$, 台形 $B_1C_1B_2C_2$, 台形 $B_2C_2B_3C_3$, $\ldots$, 台形 $B_{n-1}C_{n-1}B_nC_n$ の各面積を s とすれば，

$a_1{}^2 : a_2{}^2 = s : 2s = 1 : 2$　すなわち　$a_2{}^2 = 2a_1{}^2$

$a_1{}^2 : a_3{}^2 = s : 3s = 1 : 3$　すなわち　$a_3{}^2 = 3a_1{}^2$

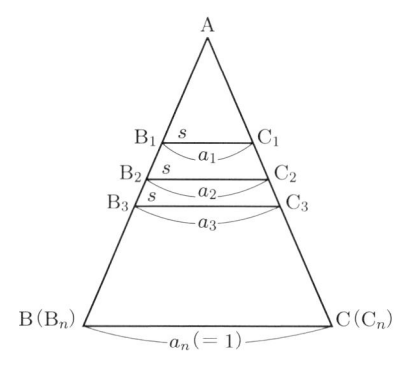

となる．

図 3.5　$\triangle AB_1C_1, \ldots, \triangle AB_nC_n$

同様に，$a_4{}^2 = 4a_1{}^2$, $a_5{}^2 = 5a_1{}^2, \ldots, a_n{}^2 = na_1{}^2$ だから，

$$S_n = a_1{}^2 + a_2{}^2 + \cdots + a_n{}^2 = a_1{}^2 + 2a_1{}^2 + 3a_1{}^2 + \cdots + na_1{}^2$$
$$= (1 + 2 + 3 + \cdots + n)a_1{}^2$$
$$= \dfrac{n(n+1)}{2} a_1{}^2 \qquad \cdots (1)$$

が成り立つ．また，$a_n{}^2 = na_1{}^2$ であり，$a_n = 1$ だから，

$$1 = na_1{}^2$$

となる．よって，$a_1{}^2 = \dfrac{1}{n}$ を式 (1) に代入して，

$$S_n = \dfrac{n(n+1)}{2} a_1^2 = \dfrac{n(n+1)}{2} \cdot \dfrac{1}{n} = \dfrac{n+1}{2}$$

と求められる．

(2) (1) の $S_n = \dfrac{n+1}{2}$ から，

$$\frac{S_n}{n} = \frac{n+1}{2n} = \frac{1}{2}\left(1 + \frac{1}{n}\right)$$

が得られる．$n \to \infty$ のとき，$\dfrac{S_n}{n} \to \dfrac{1}{2}$ となる．

〈2次検定〉

演習1 座標平面上の点を原点のまわりに $\theta \left(0 < \theta \leqq \dfrac{\pi}{2}\right)$ だけ回転する1次変換により，曲線 $31x^2 + 21y^2 + 10\sqrt{3}\,xy - 1 = 0$ が，$ax^2 + by^2 - 1 = 0$ (a, b は定数) の形の曲線に移されるといいます．このとき，次の問いに答えなさい．

(1) θ の値を求めなさい．

(2) a, b の値を求めなさい．

解 答 (1) 原点のまわりの θ の回転で点 (x, y) が点 (X, Y) に移されるとすると，

$$\begin{pmatrix} X \\ Y \end{pmatrix} = \begin{pmatrix} \cos\theta & -\sin\theta \\ \sin\theta & \cos\theta \end{pmatrix} \begin{pmatrix} x \\ y \end{pmatrix}$$

$$\begin{pmatrix} x \\ y \end{pmatrix} = \begin{pmatrix} \cos\theta & -\sin\theta \\ \sin\theta & \cos\theta \end{pmatrix}^{-1} \begin{pmatrix} X \\ Y \end{pmatrix} = \begin{pmatrix} \cos\theta & \sin\theta \\ -\sin\theta & \cos\theta \end{pmatrix} \begin{pmatrix} X \\ Y \end{pmatrix}$$

$$= \begin{pmatrix} X\cos\theta + Y\sin\theta \\ -X\sin\theta + Y\cos\theta \end{pmatrix}$$

となる．よって，$x = X\cos\theta + Y\sin\theta$, $y = -X\sin\theta + Y\cos\theta$ を

$$31x^2 + 21y^2 + 10\sqrt{3}\,xy - 1 = 0$$

に代入すると，次のように計算できる．

$$31(X\cos\theta + Y\sin\theta)^2 + 21(-X\sin\theta + Y\cos\theta)^2$$
$$+ 10\sqrt{3}(X\cos\theta + Y\sin\theta)(-X\sin\theta + Y\cos\theta) - 1 = 0$$

$$31(X^2\cos^2\theta + 2XY\sin\theta\cos\theta + Y^2\sin^2\theta)$$
$$+ 21(X^2\sin^2\theta - 2XY\sin\theta\cos\theta + Y^2\cos^2\theta)$$

第3章　総仕上げレベル

$$+ 10\sqrt{3}(-X^2\sin\theta\cos\theta + Y^2\sin\theta\cos\theta$$
$$+ XY\cos^2\theta - XY\sin^2\theta) - 1 = 0$$

$$X^2(31\cos^2\theta + 21\sin^2\theta - 10\sqrt{3}\cos\theta\sin\theta)$$
$$+ Y^2(31\sin^2\theta + 21\cos^2\theta + 10\sqrt{3}\sin\theta\cos\theta)$$
$$+ XY(20\sin\theta\cos\theta - 10\sqrt{3}\sin^2\theta + 10\sqrt{3}\cos^2\theta) - 1 = 0 \quad \cdots(1)$$

式 (1) が $aX^2 + bY^2 - 1 = 0$ の形になるためには，XY の係数が 0 であればよい．すなわち，

$$20\sin\theta\cos\theta + 10\sqrt{3}(\cos^2\theta - \sin^2\theta) = 0$$
$$10\sin 2\theta + 10\sqrt{3}\cos 2\theta = 0$$
$$\sin 2\theta + \sqrt{3}\cos 2\theta = 0$$
$$2\sin\left(2\theta + \frac{\pi}{3}\right) = 0$$

ここで，$0 < \theta \leqq \frac{\pi}{2}$ より，$\frac{\pi}{3} < 2\theta + \frac{\pi}{3} \leqq \frac{4}{3}\pi$ である．したがって，

$$2\theta + \frac{\pi}{3} = \pi, \quad \text{すなわち} \quad \theta = \frac{\pi}{3}$$

が得られる．

(答) $\theta = \frac{\pi}{3}$

(2) 式 (1) より，

$$a = 31\cos^2\theta + 21\sin^2\theta - 10\sqrt{3}\cos\theta\sin\theta$$
$$b = 31\sin^2\theta + 21\cos^2\theta + 10\sqrt{3}\sin\theta\cos\theta$$

である．$\theta = \frac{\pi}{3}$ から，

$$a = 31 \times \frac{1}{4} + 21 \times \frac{3}{4} - 10\sqrt{3} \times \frac{\sqrt{3}}{4} = \frac{31 + 63 - 30}{4} = 16$$
$$b = 31 \times \frac{3}{4} + 21 \times \frac{1}{4} + 10\sqrt{3} \times \frac{\sqrt{3}}{4} = \frac{93 + 21 + 30}{4} = 36$$

が得られる．

2次検定

（答）$a=16$, $b=36$

◇ **参 考 1**

(2)の結果より，曲線は $16x^2+36y^2-1=0$ の楕円に移されることがわかる．$31x^2+21y^2+10\sqrt{3}xy-1=0$ を $\dfrac{\pi}{3}$ ($=60°$) 回転して，楕円 $16x^2+36y^2-1=0$ に移される様子を図 3.6 のグラフで示す．

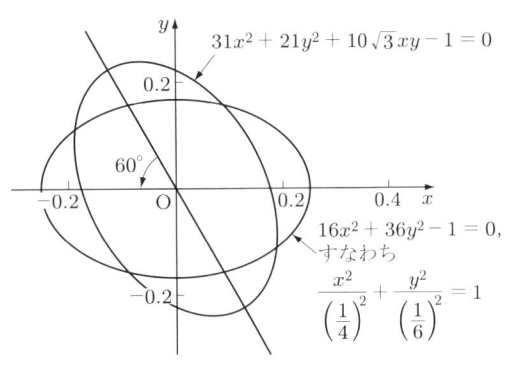

図 3.6 楕円の回転

◇ **参 考 2**

2次曲線
$$ax^2+hxy+by^2+gx+fy+c=0 \quad (a, b, c, f, g, h \text{ は定数}) \quad \cdots(2)$$

は，適当な平行移動をすることにより，x，y の1次の係数を0にすることができる．すなわち，この曲線を x 軸方向に x_0，y 軸方向に y_0 だけ平行移動したとすると，

$$a(x-x_0)^2+h(x-x_0)(y-y_0)+b(y-y_0)^2+g(x-x_0)+f(y-y_0)+c=0$$

となる．これを展開して，x の1次の係数$=0$，y の1次の係数$=0$ とすると，

$$2ax_0+hy_0=g, \quad hx_0+2by_0=f$$

となる．これより，$x_0=\dfrac{fh-2bg}{h^2-4ab}$，$y_0=\dfrac{gh-2af}{h^2-4ab}$ だけ平行移動すると，式 (2) は

$$Ax^2+Bxy+Cy^2+D=0 \quad (A, B, C, D \text{ は定数}) \quad \cdots(3)$$

となり，本問のように式 (3) の形の2次曲線を原点のまわりに回転することで，

$$A'x^2+B'y^2+C'=0 \quad (A', B', C' \text{ は定数})$$

のように xy の係数を0に変換できる．

演習 2 次の方程式の複素数解をすべて求めなさい．

(1) $x^4+2x^2+9=0$

(2) $x^4+2x^3+3x^2+2x+1=0$

第3章 総仕上げレベル

解答 (1) $x^4 + 2x^2 + 9 = 0$ を x^2 について解くと，

$$x^2 = -1 \pm \sqrt{-8} = -1 \pm 2\sqrt{2}\,i$$

となる．以下，これを満たすような複素数

$$x = a + bi \quad (a, b \text{ は実数})$$

を求める．

（ⅰ）$x^2 = -1 + 2\sqrt{2}\,i$ のとき

$$a^2 - b^2 + 2abi = -1 + 2\sqrt{2}\,i$$

となる．よって，次の式が成り立つ．

$$\begin{cases} a^2 - b^2 = -1 & \cdots(1) \\ 2ab = 2\sqrt{2} & \cdots(2) \end{cases}$$

式 (2) より，$a \neq 0$ は明らかなので

$$b = \frac{\sqrt{2}}{a} \qquad \cdots(2)'$$

であり，式 (2)′ を式 (1) に代入すると，

$$a^2 - \frac{2}{a^2} = -1$$
$$a^4 + a^2 - 2 = 0$$
$$(a^2 - 1)(a^2 + 2) = 0$$

が得られる．$a^2 > 0$ より，

$$a^2 = 1$$

となる．よって，次を得る．

$$a = \pm 1,\ b = \pm\sqrt{2} \quad (\text{複号同順})$$

したがって，

$$x = 1 + \sqrt{2}\,i,\ -1 - \sqrt{2}\,i$$

となる．

（ⅱ）$x^2 = -1 - 2\sqrt{2}\,i$ のとき

$$\begin{cases} a^2 - b^2 = -1 & \cdots(3) \\ 2ab = -2\sqrt{2} & \cdots(4) \end{cases}$$

式 (4) より，$b = -\dfrac{\sqrt{2}}{a}$ を式 (3) に代入して，

$$a = \pm 1, \quad b = \mp\sqrt{2} \quad (複号同順)$$

となり，$x = 1 - \sqrt{2}\,i,\ -1 + \sqrt{2}\,i$ であることがわかる．

(答) $\underline{x = 1 + \sqrt{2}\,i,\ 1 - \sqrt{2}\,i,\ -1 + \sqrt{2}\,i,\ -1 - \sqrt{2}\,i}$

(2) $x^4 + 2x^3 + 3x^2 + 2x + 1 = 0$ $\cdots(5)$

とおく．$x = 0$ のとき，式 (5) は成り立たないので，$x \neq 0$ であるから，式 (5) の両辺を x^2 で割って，

$$x^2 + 2x + 3 + \frac{2}{x} + \frac{1}{x^2} = 0$$

$$x^2 + \frac{1}{x^2} + 2\left(x + \frac{1}{x}\right) + 3 = 0$$

が得られる．$x + \dfrac{1}{x} = t$ とおくと，$x^2 + \dfrac{1}{x^2} = t^2 - 2$ から，

$$t^2 - 2 + 2t + 3 = 0$$
$$t^2 + 2t + 1 = 0$$
$$(t+1)^2 = 0$$

この t の 2 次方程式は重解 $t = -1$ をもち，よって，$x + \dfrac{1}{x} + 1 = 0$ がわかる．これより

$$x^2 + x + 1 = 0$$

が得られ，これを解いて $x = \dfrac{-1 \pm \sqrt{3}\,i}{2}$ となる．4 次方程式であるが解は重解となり，2 個となる．

(答) $\underline{x = \dfrac{-1 \pm \sqrt{3}\,i}{2}\ (ともに重解)}$

別解

(2) $x^4 + 2x^3 + 3x^2 + 2x + 1 = (x^2 + x + 1)^2$ なので，

第3章 総仕上げレベル

$$(x^2 + x + 1)^2 = 0 \quad \Leftrightarrow \quad x^2 + x + 1 = 0 \quad \Leftrightarrow \quad x = \frac{-1 \pm \sqrt{3}\,i}{2}$$

と解ける.

◇ 参 考

(1) は複 2 次方程式の解法, (2) は相反方程式の解法に関する問題である. 4 次方程式の場合, 複 2 次方程式は $ax^4 + bx^2 + c = 0\ (a \neq 0)$, 相反方程式は $ax^4 + bx^3 + cx^2 + bx + a = 0$ $(a \neq 0)$ である.

演習3 m を正の実数, n を正の整数とします. 直線 $y = mx$, $x = n$ および x 軸で囲まれる三角形の内部にある格子点の個数を $T(n)$ とします. ただし, 辺上の点は含まないものとします. このとき, $\displaystyle\lim_{n \to \infty} \frac{T(n)}{n^2}$ を求めなさい (格子点とは x 座標, y 座標がともに整数である点をいいます).

解 答 格子点を, 図 3.7 に示す. $1 \leqq k \leqq n-1$ (k は正の整数) とすると, 定められた領域内にあって, 直線 $x = k$ 上にある格子点の個数は, mk が整数であるか否かによって, $mk - 1$ または $[mk]$ である. ここで, $[mk]$ は mk を超えない最大の整数を表すとする. したがって,

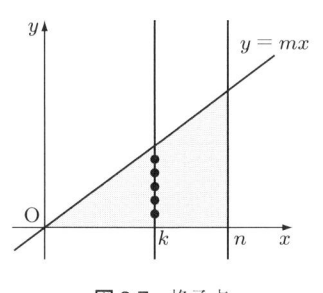

図 3.7 格子点

$$\sum_{k=1}^{n-1}(mk - 1) \leqq T(n) \leqq \sum_{k=1}^{n-1}[mk]$$

となる. $T(n) \leqq \displaystyle\sum_{k=1}^{n-1}[mk]$ については, $[mk] \leqq mk$ より $T(n) \leqq \displaystyle\sum_{k=1}^{n-1}mk$ となる. よって, $\displaystyle\sum_{k=1}^{n-1}(mk - 1) \leqq T(n)$ とあわせて,

$$\sum_{k=1}^{n-1}(mk - 1) \leqq T(n) \leqq \sum_{k=1}^{n-1}mk$$

が成り立つ. したがって,

$$m \times \frac{(n-1)n}{2} - (n-1) \leqq T(n) \leqq m \times \frac{(n-1)n}{2}$$

となる．各辺を n^2 で割ると，

$$\frac{m}{2}\left(1 - \frac{1}{n}\right) - \left(\frac{1}{n} - \frac{1}{n^2}\right) \leqq \frac{T(n)}{n^2} \leqq \frac{m}{2}\left(1 - \frac{1}{n}\right)$$

となる．左右の極限をそれぞれ考えると，

$$\lim_{n \to \infty} \left\{\frac{m}{2}\left(1 - \frac{1}{n}\right) - \left(\frac{1}{n} - \frac{1}{n^2}\right)\right\} = \frac{m}{2}$$

$$\lim_{n \to \infty} \frac{m}{2}\left(1 - \frac{1}{n}\right) = \frac{m}{2}$$

となり，はさみうちの原理より，$\lim_{n \to \infty} \dfrac{T(n)}{n^2} = \dfrac{m}{2}$ となる．

（答）$\dfrac{m}{2}$

◇ **参　考（ガウス記号）**

実数 x に対して，x を超えない最大の整数を $[x]$ で表す．すなわち，n を整数として，$n \leqq x < n+1$ のとき $[x] = n$ である．

$y = [x]$ のグラフを図 3.8 に示す．

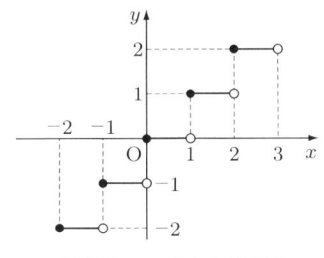

図 3.8　$y = [x]$ のグラフ

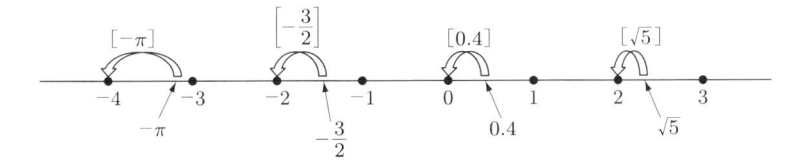

例として，$[\sqrt{5}] = 2$，$[0.4] = 0$，$\left[-\dfrac{3}{2}\right] = -2$，$[-\pi] = -4$ となる（図 3.9）．

図 3.9　ガウス記号の例

第3章　総仕上げレベル

演習4　パラボラアンテナとは，放物曲面をした反射器をもつ凹型アンテナのことをいいます．このアンテナは，対称軸と平行に入射した電波を反射して一点に集めることができます．

ここでは簡単にするため，右の図1のように，$y = x^2$ の形の反射板があり，電波は一様に上の方向から鉛直下向きに入射しているものとします．入射した電波は，図2のように入射点での接線に対して入射角と反射角が等しくなるように反射します．このとき，反射した電波はある1点を通ることを示しなさい．

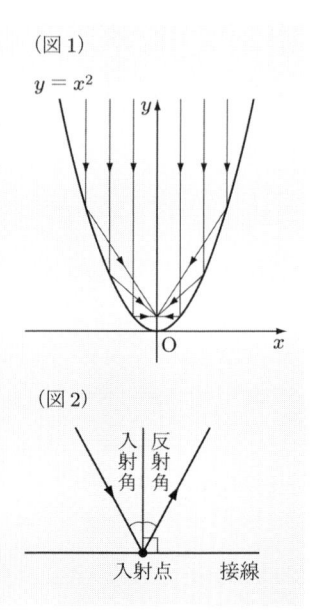

(図1)

(図2)

解　答　放物線の対称性より，反射した電波が必ず通る点は，y 軸上にあると考えられる．電波が $y = x^2$ の形の反射板に入射する点を $A(a, a^2)$ $(a > 0)$ とし，点Aで反射した電波が y 軸と交わる点をBとする．

$$y = x^2 \quad \text{より} \quad y' = 2x$$

であるから，点Aにおける接線の傾きは $2a$ である．よって，図3.10のように，点Aにおける接線と x 軸の正の方向とのなす角を θ とすると，

$$\tan \theta = 2a$$

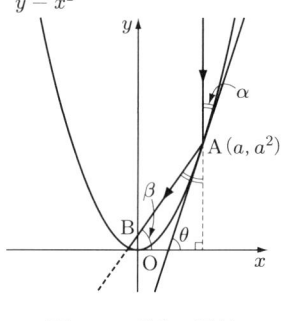

図3.10　電波の反射

となる．点Aに入射した電波と接線とのなす角を α，点Aで反射した電波と x 軸の正の方向とのなす角を β とすると，次が成り立つ．

$$\alpha = 90° - \theta,$$
$$\alpha + \beta = \theta \quad \text{より，} \quad \beta = \theta - \alpha = \theta - (90° - \theta) = 2\theta - 90°$$

したがって，直線ABの方程式は，点 $A(a, a^2)$ を通り，傾きは $\tan \beta$ なので，

$$y = \tan(2\theta - 90°)(x-a) + a^2 \qquad \cdots(1)$$

となる．ここで，

$$\tan(2\theta - 90°) = -\frac{1}{\tan 2\theta} = -\frac{1-\tan^2\theta}{2\tan\theta} = -\frac{1-(2a)^2}{2\times 2a} = \frac{4a^2-1}{4a}$$

を式 (1) に代入すると，

$$y = \frac{4a^2-1}{4a}(x-a) + a^2$$

となる．点 B の y 座標は，$x=0$ を代入して，$y = \dfrac{1}{4}$（一定）が得られる．したがって，反射した電波は定点 $\left(0, \dfrac{1}{4}\right)$ を通ることがわかる．

$a<0$ のときも，放物線の y 軸に関する対称性から同様である．$a=0$ のときは，反射した電波は y 軸上を正の方向に進むから，やはり点 $\left(0, \dfrac{1}{4}\right)$ を通る．

以上から，反射した電波は定点 $\left(0, \dfrac{1}{4}\right)$ を通る．

◇ 参 考

定点 $\left(0, \dfrac{1}{4}\right)$ は，放物線の焦点を意味する．本問の放物線は $y=x^2$ で，標準形 $x^2=4py$ の $p=\dfrac{1}{4}$ の場合に相当し，図 3.11 (a) のように，焦点の座標は $\left(0, \dfrac{1}{4}\right)$ となる．

図に示しているように，パラボラアンテナの焦点は，対称軸と平行に入射した電波を反射して一点に集めることができる．逆に，焦点に反射器の方向に指向性をもつ一次輻射器をおくと，輻射された電磁波が反射して，放物面の対称軸方向に平行な電波を送信することができる．

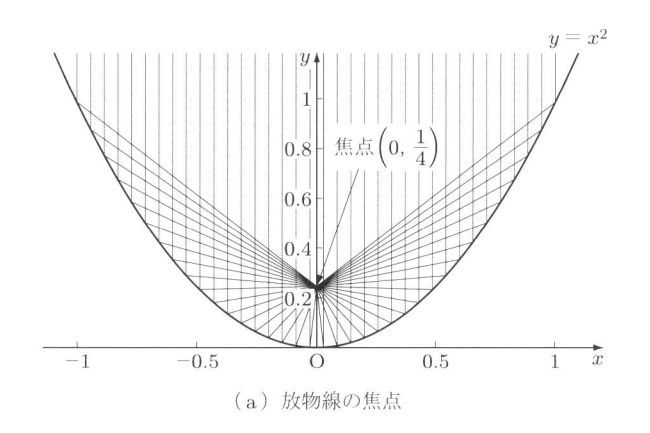

（a）放物線の焦点　　　　　　（b）パラボラアンテナ

図 3.11　放物線とパラボラアンテナ

第3章　総仕上げレベル

演習5　$x>0$ において定義された関数 $f(x)=x^{\frac{1}{x}}$ について，次の問いに答えなさい．

(1) $\lim_{x\to+0}f(x)$ および $\lim_{x\to\infty}f(x)$ をそれぞれ求めなさい．ただし，自然対数の底 e に対して $\lim_{x\to\infty}\dfrac{x}{e^x}=0$ が成り立つことは証明なしに用いてかまいません．

(2) 関数 $f(x)$ の極値を求めなさい．

(3) 2つの数 e^π と π^e の大小を比較しなさい．

解　答　(1) まず，$\lim_{x\to+0}f(x)=\lim_{x\to+0}x^{\frac{1}{x}}$ について考える．$t=\dfrac{1}{x}$ とおくと $x\to+0$ のとき $t\to\infty$ であるから，

$$\lim_{x\to+0}x^{\frac{1}{x}}=\lim_{t\to\infty}\left(\frac{1}{t}\right)^t=\lim_{t\to\infty}\frac{1}{t^t}=0$$

となる．

次に，$\lim_{x\to\infty}f(x)=\lim_{x\to\infty}x^{\frac{1}{x}}$ について考える．$x>0$ のとき $f(x)>0$ であることに注意して $f(x)$ の対数をとると，

$$\log_e f(x)=\frac{\log_e x}{x}$$

が得られる．ここで，$t=\log_e x$（すなわち $x=e^t$）とおくと，$x\to\infty$ のとき $t\to\infty$ であるから，

$$\lim_{x\to\infty}\log_e f(x)=\lim_{t\to\infty}\frac{t}{e^t}=0$$

が成り立つ．よって，$\lim_{x\to\infty}x^{\frac{1}{x}}=e^0=1$ を得る．

（答）$\lim_{x\to+0}f(x)=0$，$\lim_{x\to\infty}f(x)=1$

(2) $\log_e f(x)=\dfrac{\log_e x}{x}$ $(x>0)$ の両辺を x について微分して，

$$\frac{f'(x)}{f(x)}=\frac{\dfrac{1}{x}\cdot x-(\log_e x)\cdot 1}{x^2}=\frac{1-\log_e x}{x^2}$$

が得られる．よって，次の式が成り立つ．

$$f'(x) = x^{\frac{1}{x}-2}(1 - \log_e x)$$

$x > 0$ のとき $x^a > 0$ (a は実数) であることに注意すると，増減表は次のようになる．

x	0	$\cdots$	e	$\cdots$
$f'(x)$		$+$	0	$-$
$f(x)$		↗	極大	↘

したがって，$x = e$ のとき $f(x)$ は極大値 $e^{\frac{1}{e}}$ をとる．

(答) 極大値 $f(e) = e^{\frac{1}{e}}$

(3) (2) の結果より，

$$f(e) > f(x) \quad (x \neq e)$$

となる．とくに，$x = \pi$ とおくと，$e^{\frac{1}{e}} > \pi^{\frac{1}{\pi}}$ となるから，

$$\left(e^{\frac{1}{e}}\right)^{\pi e} > \left(\pi^{\frac{1}{\pi}}\right)^{\pi e}$$

すなわち

$$e^\pi > \pi^e$$

であることがわかる．

(答) $e^\pi > \pi^e$

◇**参 考 1**

本問とその解説で，2つの関係式 $\displaystyle\lim_{x \to \infty} \frac{x}{e^x} = 0$, $\displaystyle\lim_{x \to \infty} \frac{\log_e x}{x} = 0$ が出てきたが，$y = e^x$, $y = x$, $y = \log_e x$ の3つのグラフを示すと図 3.12 のようになる．図のグラフからも，$x \to \infty$ のとき，指数関数 e^x は x よりも増加する割合が大きいこと，また，対数関数 $\log_e x$ は x よりも増加する割合が小さいことから，この2つの関係式が理解できるだろう．

さらに，$\displaystyle\lim_{x \to \infty} \frac{x^n}{e^x} = 0$ (n は任意の自然数) であることも，以下のように証明できる．

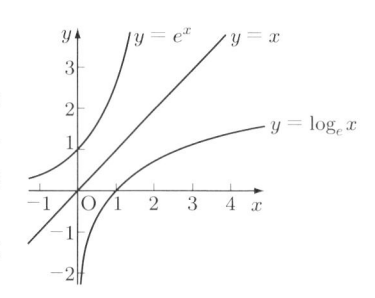

図 3.12 関数のグラフの比較

$\dfrac{x^n}{e^x} = \left(\dfrac{x}{e^{\frac{x}{n}}}\right)^n$ で，$\dfrac{x}{n} = t$ とおくと，$\dfrac{x}{e^{\frac{x}{n}}} = n\dfrac{t}{e^t}$ から

第3章 総仕上げレベル

$$\lim_{x\to\infty}\frac{x^n}{e^x} = \lim_{x\to\infty}\left(\frac{x}{e^{\frac{x}{n}}}\right)^n = \lim_{t\to\infty}\left(n\frac{t}{e^t}\right)^n = (n\cdot 0)^n = 0$$

以上より，$x \to \infty$ のとき，指数関数 e^x の増加する割合は，x^n（n は任意の自然数）や $\log_e x$ よりも大きい．このことをもとにして，$\displaystyle\lim_{x\to\infty}\frac{x}{e^x} = 0$，$\displaystyle\lim_{x\to\infty}\frac{x^n}{e^x} = 0$，$\displaystyle\lim_{x\to\infty}\frac{\log_e x}{x} = 0$ の関係式を記憶してほしい．

◇ 参 考 2 ─────────────────────────────────●

① $y = x^{\frac{1}{x}}$ ($x > 0$) のグラフを図 3.13 に示す．

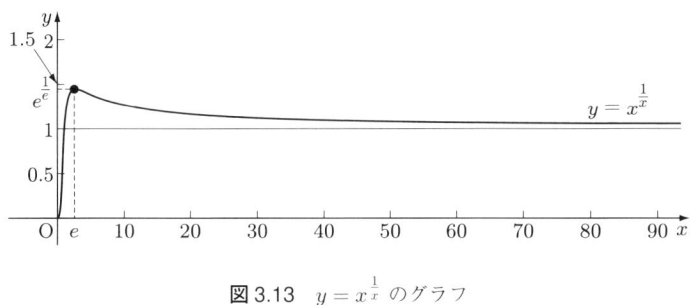

図3.13 $y = x^{\frac{1}{x}}$ のグラフ

② (2) のように，対数をとって微分することを対数微分法という．対数微分法を利用すると，$y = f_1(x)f_2(x)\cdots f_n(x)$ に対して

$$\frac{y'}{y} = \frac{f_1'(x)}{f_1(x)} + \frac{f_2'(x)}{f_2(x)} + \cdots + \frac{f_n'(x)}{f_n(x)} = \sum_{k=1}^{n}\frac{f_k'(x)}{f_k(x)}$$

が成り立つ．

③ (3) で，実際の値は $e^\pi \fallingdotseq 23.14$，$\pi^e \fallingdotseq 22.46$ である．

演習6 l を 2 以上 5 以下の整数とし，m，n を $m > n$ を満たす正の整数とします．このとき，次の問いに答えなさい．ただし，「!」は階乗を表します．

(1) 条件 $l! = 2^m + 2^n$ を満たす整数の組 (l, m, n) をすべて求めなさい．
(2) 条件 $l! = 2^m - 2^n$ を満たす整数の組 (l, m, n) をすべて求めなさい．

解 答 (1) $l! = 2^m + 2^n$ を満たす (l, m, n) の組を求める．$m > n > 0$ より，

$$2^m + 2^n = 2^n(2^{m-n} + 1) \geq 2\cdot(2+1) = 6$$

2次検定

となる．よって，$l! \geqq 6$，すなわち $l \geqq 3$ がわかる．$2^n (\geqq 2)$ は 2 のべき乗，$2^{m-n}+1$ $(\geqq 3)$ は奇数であるから，$l!\ (3 \leqq l \leqq 5)$ を（2 のべき乗）×（3 以上の奇数）の形に表す方法を場合分けして考える．

◎ $l=3$ のとき $l! = 6 = 2 \times 3$．よって $(2^n, 2^{m-n}+1) = (2,3)$ より
$$(m,n) = (2,1)$$

◎ $l=4$ のとき $l! = 24 = 2^3 \times 3$．よって $(2^n, 2^{m-n}+1) = (2^3,3)$ より
$$(m,n) = (4,3)$$

◎ $l=5$ のとき $l! = 120 = 2^3 \times 3 \times 5$．よって $(2^n, 2^{m-n}+1) = (2^3, 3 \times 5)$ より，とくに $2^{m-n} = 14$ であるが，これは $m-n$ が整数であることに反する．

以上より，求める整数の組は
$$(l,m,n) = (3,2,1),\ (4,4,3)$$
である．

　　（答）$(l,m,n) = (3,2,1),\ (4,4,3)$

(2) $l! = 2^m - 2^n$ を満たす (l,m,n) の組を求める．
$$2^m - 2^n = 2^n(2^{m-n} - 1)$$
より，$l!\ (2 \leqq l \leqq 5)$ を（2 のべき乗）×（正の奇数）の形に表す方法について考える．

◎ $l=2$ のとき $l! = 2$．よって $(2^n, 2^{m-n}-1) = (2,1)$ より
$$(m,n) = (2,1)$$

◎ $l=3$ のとき $l! = 6 = 2 \times 3$．よって $(2^n, 2^{m-n}-1) = (2,3)$ より
$$(m,n) = (3,1)$$

◎ $l=4$ のとき $l! = 24 = 2^3 \times 3$．よって $(2^n, 2^{m-n}-1) = (2^3,3)$ より
$$(m,n) = (5,3)$$

◎ $l=5$ のとき $l! = 120 = 2^3 \times 3 \times 5$．よって $(2^n, 2^{m-n}-1) = (2^3, 3 \times 5)$ より
$$(m,n) = (7,3)$$

第3章 総仕上げレベル

以上より，求める整数の組は

$$(l, m, n) = (2,2,1),\ (3,3,1),\ (4,5,3),\ (5,7,3)$$

である．

（答）$(l, m, n) = (2,2,1),\ (3,3,1),\ (4,5,3),\ (5,7,3)$

演習7 $\cos\theta = \dfrac{1}{x+2}\ (x>0)$ のとき，$\displaystyle\lim_{x\to\infty} x\left(\theta - \dfrac{\pi}{2}\right)$ の値を求めなさい．

解答 $\cos\theta = \dfrac{1}{x+2}\ (x>0)$ より，$x = \dfrac{1}{\cos\theta} - 2$ となる．

$x \to \infty$ のとき，$\cos\theta \to +0$ より，$m,\ n$ を整数として $\theta \to \dfrac{\pi}{2} + 2m\pi - 0$，または $\theta \to \dfrac{3\pi}{2} + 2n\pi + 0$ が得られる．

(ⅰ) $\theta \to \dfrac{\pi}{2} + 2m\pi - 0$ のとき

$\theta - \left(\dfrac{\pi}{2} + 2m\pi\right) = t$ とおくと，$\theta \to \dfrac{\pi}{2} + 2m\pi - 0$ のとき，$t \to -0$ となる．

$$\cos\theta = \cos\left(t + \dfrac{\pi}{2} + 2m\pi\right) = -\sin t$$

より，

$$\lim_{x\to\infty} x\left(\theta - \dfrac{\pi}{2}\right) = \lim_{\theta\to\frac{\pi}{2}+2m\pi-0}\left(\dfrac{1}{\cos\theta} - 2\right)\left(\theta - \dfrac{\pi}{2}\right)$$

$$= \lim_{t\to -0}\left(-\dfrac{1}{\sin t} - 2\right)(t + 2m\pi)$$

$$= \lim_{t\to -0}\left\{-\dfrac{t}{\sin t} - \dfrac{2m\pi}{\sin t} - 2(t + 2m\pi)\right\} \quad \cdots(1)$$

が得られる．ここで，$m=0$ のとき，式 (1) は

$$\lim_{t\to -0}\left(-\dfrac{t}{\sin t} - 2t\right) = -1 + 0 = -1$$

となる．$m \neq 0$ のとき，式 (1) において

$$\lim_{t\to -0}\left(-\dfrac{t}{\sin t}\right) = -1,$$

$$\lim_{t \to -0}\left(-\frac{2m\pi}{\sin t}\right) = +\infty,$$

$$\lim_{t \to -0}\{-2(t+2m\pi)\} = -4m\pi$$

となるので，式 (1) は $+\infty$ となる．

(ⅱ) $\theta \to \dfrac{3\pi}{2} + 2n\pi + 0$ のとき

$\theta - \left(\dfrac{3\pi}{2} + 2n\pi\right) = t$ とおくと，$\theta \to \dfrac{3\pi}{2} + 2n\pi + 0$ のとき，$t \to +0$ となる．

$$\cos\theta = \cos\left(t + \frac{3\pi}{2} + 2n\pi\right) = \sin t$$

より，

$$\lim_{x \to \infty} x\left(\theta - \frac{\pi}{2}\right) = \lim_{\theta \to \frac{3\pi}{2}+2n\pi+0}\left(\frac{1}{\cos\theta} - 2\right)\left(\theta - \frac{\pi}{2}\right)$$

$$= \lim_{t \to +0}\left(\frac{1}{\sin t} - 2\right)\{t + (2n+1)\pi\}$$

$$= \lim_{t \to +0}\left[\frac{t}{\sin t} + \frac{(2n+1)\pi}{\sin t} - 2\{t + (2n+1)\pi\}\right] \cdots (2)$$

が得られる．式 (2) において

$$\lim_{t \to +0}\left(\frac{t}{\sin t}\right) = 1,$$

$$\lim_{t \to +0}\left\{\frac{(2n+1)\pi}{\sin t}\right\} = +\infty,$$

$$\lim_{t \to +0}[-2\{t + (2n+1)\pi\}] = -2(2n+1)\pi$$

となるので，式 (2) は $+\infty$ となる．

(答) $\theta \to \dfrac{\pi}{2} - 0$ のとき，-1

$\theta \to \dfrac{\pi}{2} + 2m\pi - 0$ または $\theta \to \dfrac{3\pi}{2} + 2n\pi + 0$ (m, n は整数で $m \neq 0$)

のとき，$+\infty$

第3章 総仕上げレベル

◇参 考

$x = \dfrac{1}{\cos\theta} - 2$ で，$x \to \infty$ のとき $\cos\theta \to +0$ より，m, n を整数として $\theta \to \dfrac{\pi}{2} + 2m\pi - 0$，または $\theta \to \dfrac{3\pi}{2} + 2n\pi + 0$ としたが，これについて補足説明する．

図 3.14 のようなグラフをかくとわかりやすい．これは $y = \cos\theta$ のグラフで，$y = 0$ となる θ は，

①では，$\theta = \dfrac{\pi}{2}$, $\dfrac{\pi}{2} + 2\pi$, $\dfrac{\pi}{2} + 4\pi$, $\ldots$, $\dfrac{\pi}{2} + 2m\pi$ (m は整数) となり，

②では，$\theta = \dfrac{3\pi}{2}$, $\dfrac{3\pi}{2} + 2\pi$, $\dfrac{3\pi}{2} + 4\pi$, $\ldots$, $\dfrac{3\pi}{2} + 2n\pi$ (n は整数) となる．

図 3.14 から，①では，$\cos\theta \to +0$ のとき $\theta \to \dfrac{\pi}{2} + 2m\pi - 0$ となり，②では，$\cos\theta \to +0$ のとき $\theta \to \dfrac{3\pi}{2} + 2n\pi + 0$ となることがわかる．

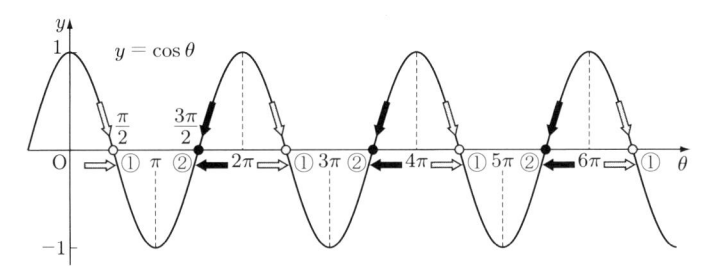

図 3.14　$y = \cos\theta$ のグラフと極限 $\cos\theta \to +0$

演習8　2 次正方行列 $A = \begin{pmatrix} 2 & 0 \\ 1 & 3 \end{pmatrix}$ について，次の問いに答えなさい．

(1) $n \geqq 1$ (n は整数) のとき，適当な定数 p_n, q_n により，$A^n = p_n A + q_n E$ と表されます．p_{n+1}, q_{n+1} のそれぞれを p_n, q_n で表す漸化式をつくりなさい．ただし，$E = \begin{pmatrix} 1 & 0 \\ 0 & 1 \end{pmatrix}$ とします．

（表現技能）

(2) (1) における p_n, q_n および A^n を n の式で表しなさい．

解 答　(1) ケーリー・ハミルトンの定理より，

$$A^2 - 5A + 6E = O$$

すなわち，$A^2 = 5A - 6E$ が成り立つ．$A^n = p_n A + q_n E$ より，

2次検定

$$A^{n+1} = A \cdot A^n = A(p_n A + q_n E) = p_n A^2 + q_n A$$
$$= p_n(5A - 6E) + q_n A = (5p_n + q_n)A - 6p_n E$$

が得られる．

$$A^{n+1} = p_{n+1} A + q_{n+1} E \quad \text{および} \quad A \neq kE \ (k \text{ は定数})$$

に注意すると，

$$p_{n+1} = 5p_n + q_n, \quad q_{n+1} = -6p_n$$

がわかる．

(答) $\underline{p_{n+1} = 5p_n + q_n, \quad q_{n+1} = -6p_n}$

(2) (1) より

$$\begin{cases} p_{n+1} = 5p_n + q_n & \cdots(1) \\ q_{n+1} = -6p_n & \cdots(2) \end{cases}$$

であり，式 (1), (2) より

$$p_{n+1} = 5p_n - 6p_{n-1} \qquad \cdots(3)$$

が得られる．これを

$$p_{n+1} - 2p_n = 3(p_n - 2p_{n-1})$$

と変形すると，

$$p_{n+1} - 2p_n = 3(p_n - 2p_{n-1}) = 3^2(p_{n-1} - 2p_{n-2}) = \cdots = 3^{n-1}(p_2 - 2p_1)$$

がわかる．

ここで，$A^n = p_n A + q_n E$ より，$n = 1$ のとき

$$A = p_1 A + q_1 E$$
$$(1 - p_1)A = q_1 E$$

となる．$A \neq kE$ (k は定数) より $p_1 = 1 \ (q_1 = 0)$, $p_2 = 5p_1 + q_1 = 5$ となるから，

$$p_{n+1} - 2p_n = 3^n \qquad \cdots(4)$$

が得られる．一方，式 (3) を $p_{n+1} - 3p_n = 2(p_n - 3p_{n-1})$ と変形すると，

$$p_{n+1} - 3p_n = 2(p_n - 3p_{n-1}) = 2^2(p_{n-1} - 3p_{n-2}) = \cdots = 2^{n-1}(p_2 - 3p_1) = 2^n$$

第3章 総仕上げレベル

すなわち

$$p_{n+1} - 3p_n = 2^n \qquad \cdots(5)$$

が得られる．式 (4) − 式 (5) より $p_n = 3^n - 2^n$ となり，これを式 (2) に代入して

$$q_n = -6p_{n-1} = -6(3^{n-1} - 2^{n-1}) = 3 \cdot 2^n - 2 \cdot 3^n$$

となる．したがって，

$$\begin{aligned}
A^n &= p_n A + q_n E \\
&= (3^n - 2^n)\begin{pmatrix} 2 & 0 \\ 1 & 3 \end{pmatrix} + (3 \cdot 2^n - 2 \cdot 3^n)\begin{pmatrix} 1 & 0 \\ 0 & 1 \end{pmatrix} \\
&= \begin{pmatrix} 2 \cdot 3^n - 2 \cdot 2^n + 3 \cdot 2^n - 2 \cdot 3^n & 0 \\ 3^n - 2^n & 3 \cdot 3^n - 3 \cdot 2^n + 3 \cdot 2^n - 2 \cdot 3^n \end{pmatrix} \\
&= \begin{pmatrix} 2^n & 0 \\ 3^n - 2^n & 3^n \end{pmatrix}
\end{aligned}$$

が成り立つ．

(答) $p_n = 3^n - 2^n$, $q_n = 3 \cdot 2^n - 2 \cdot 3^n$, $A^n = \begin{pmatrix} 2^n & 0 \\ 3^n - 2^n & 3^n \end{pmatrix}$

◇ 参　考（漸化式の計算方法）

式 (3) の $p_{n+1} - 5p_n + 6p_{n-1} = 0$ について，2 次方程式 $t^2 - 5t + 6 = 0$ の 2 つの実数解を α, β ($\alpha \neq \beta$) とすると，

$$\alpha + \beta = 5, \quad \alpha\beta = 6$$

となる．よって，式 (3) より，$p_{n+1} - (\alpha + \beta)p_n + \alpha\beta p_{n-1} = 0$ が成り立つ．この式は，

$$p_{n+1} - \alpha p_n = \beta(p_n - \alpha p_{n-1}) \qquad \cdots(6)$$

または

$$p_{n+1} - \beta p_n = \alpha(p_n - \beta p_{n-1}) \qquad \cdots(7)$$

の 2 通りに変形できる．式 (6) より，

$$p_{n+1} - \alpha p_n = \beta(p_n - \alpha p_{n-1}) = \beta^2(p_{n-1} - \alpha p_{n-2}) = \cdots = \beta^{n-1}(p_2 - \alpha p_1) \qquad \cdots(8)$$

式 (7) より，

$$p_{n+1} - \beta p_n = \alpha(p_n - \beta p_{n-1}) = \alpha^2(p_{n-1} - \beta p_{n-2}) = \cdots = \alpha^{n-1}(p_2 - \beta p_1) \qquad \cdots(9)$$

式 (9) − 式 (8) より p_{n+1} を消去し，p_n について解くと，

$$p_n = \frac{\alpha^{n-1}(p_2 - \beta p_1) - \beta^{n-1}(p_2 - \alpha p_1)}{\alpha - \beta} \quad (\text{ただし}, \alpha \neq \beta)$$

となる.

$\alpha = \beta$ の場合は, $p_{n+1} - \alpha p_n = \alpha(p_n - \alpha p_{n-1})$ となって

$$p_{n+1} - \alpha p_n = \alpha^{n-1}(p_2 - \alpha p_1) \quad \cdots (10)$$

式 (10) の両辺を α^{n+1} で割って,

$$\frac{p_{n+1}}{\alpha^{n+1}} - \frac{p_n}{\alpha^n} = \frac{p_2 - \alpha p_1}{\alpha^2}$$

が得られ, $\left\{\dfrac{p_n}{\alpha^n}\right\}$ を初項 $\dfrac{p_1}{\alpha}$, 公差 $\dfrac{p_2 - \alpha p_1}{\alpha^2}$ の等差数列と考えると,

$$\frac{p_n}{\alpha^n} = \frac{p_1}{\alpha} + \frac{(n-1)(p_2 - \alpha p_1)}{\alpha^2}$$

よって,

$$p_n = \alpha^{n-2}\{(n-1)p_2 - \alpha(n-2)p_1\}$$

となる.

演習9 n を 2 以上の整数とし,

$$S_n = 1 + \frac{1}{2} + \frac{1}{3} + \cdots + \frac{1}{n}$$

とおきます. これについて, 次の問いに答えなさい.

(1) 次の 3 つの数の大小を比較しなさい. ただし, e は自然対数の底と表します.

$$S_n, \quad \log_e(1+n), \quad 1 + \log_e n$$

(2) $\displaystyle\lim_{n \to \infty} \frac{S_n}{\log_e n}$ を求めなさい.

解答 (1) k を正の整数とする. 区間 $k \leqq x \leqq k+1$ において, 図 3.15 のように,

$$\frac{1}{x} \leqq \frac{1}{k} \quad (\text{等号成立は } x = k \text{ のとき})$$

であるから,

第3章 総仕上げレベル

$$\int_k^{k+1} \frac{1}{x}\,dx < \int_k^{k+1} \frac{1}{k}\,dx$$

すなわち

$$\int_k^{k+1} \frac{1}{x}\,dx < \frac{1}{k} \quad \cdots(1)$$

が成り立つ．式 (1) の辺々を k について 1 から n まで加えると，

$$\sum_{k=1}^n \int_k^{k+1} \frac{1}{x}\,dx < \sum_{k=1}^n \frac{1}{k}$$

図3.15 $y=\dfrac{1}{x}$ のグラフ

となる．この右辺は S_n に等しく，また左辺は

$$\int_1^{n+1} \frac{1}{x}\,dx = \log_e(n+1)$$

に等しいので，次の式が成り立つ．

$$\log_e(n+1) < S_n \quad \cdots(2)$$

一方，区間 $k \leqq x \leqq k+1$ において

$$\frac{1}{k+1} \leqq \frac{1}{x} \quad (\text{等号成立は } x = k+1 \text{ のとき})$$

が成り立つので，

$$\int_k^{k+1} \frac{1}{k+1}\,dx < \int_k^{k+1} \frac{1}{x}\,dx$$

すなわち

$$\frac{1}{k+1} < \int_k^{k+1} \frac{1}{x}\,dx \quad \cdots(3)$$

が得られる．式 (3) の辺々を k について 1 から $n-1\,(\geqq 1)$ まで加えると，

$$\sum_{k=1}^{n-1} \frac{1}{k+1} < \sum_{k=1}^{n-1} \int_k^{k+1} \frac{1}{x}\,dx$$

となる．この左辺は $S_n - 1$ に等しく，右辺は

$$\int_1^n \frac{1}{x}\,dx = \log_e n$$

に等しいので,$S_n - 1 < \log_e n$,すなわち次の式が成り立つ.

$$S_n < 1 + \log_e n \qquad \cdots(4)$$

式 (2), (4) より,次の大小関係を得る.

$$\log_e(1+n) < S_n < 1 + \log_e n \qquad \cdots(5)$$

(答) $\log_e(1+n) < S_n < 1 + \log_e n$

(2) 式 (5) の辺々を $\log_e n\ (>0)$ で割ると,

$$\frac{\log_e(1+n)}{\log_e n} < \frac{S_n}{\log_e n} < 1 + \frac{1}{\log_e n} \qquad \cdots(6)$$

ここで,

$$\lim_{n\to\infty}\left(1 + \frac{1}{\log_e n}\right) = 1 \qquad \cdots(7)$$

である.また,$1 + n = n\left(\frac{1}{n} + 1\right)$ より,

$$\log_e(1+n) = \log_e n + \log_e\left(\frac{1}{n} + 1\right)$$

がわかるので,

$$\frac{\log_e(1+n)}{\log_e n} = 1 + \frac{\log_e\left(\frac{1}{n}+1\right)}{\log_e n}$$

となる.よって,

$$\lim_{n\to\infty}\frac{\log_e(1+n)}{\log_e n} = 1 \qquad \cdots(8)$$

式 (6)〜(8) より,はさみうちの原理から,$\displaystyle\lim_{n\to\infty}\frac{S_n}{\log_e n} = 1$ となる.

(答) $\displaystyle\lim_{n\to\infty}\frac{S_n}{\log_e n} = 1$

第3章　総仕上げレベル

◇ 参　考

調和級数 $S_n = 1 + \dfrac{1}{2} + \dfrac{1}{3} + \cdots + \dfrac{1}{n}$ は，(1) の結果 $\log_e(1+n) < S_n < 1 + \log_e n$ であり，$n \to \infty$ のとき $\log_e n \to \infty$ であるので，発散することがわかる．

さらに，S_n については，

$$\lim_{n \to \infty} \left(1 + \dfrac{1}{2} + \dfrac{1}{3} + \cdots + \dfrac{1}{n} - \log_e n\right) = \gamma$$

（γ はオイラー（Euler）の定数で，$\gamma = 0.57721\cdots$）

の性質がある．すなわち，$n \to \infty$ で，$1 + \dfrac{1}{2} + \dfrac{1}{3} + \cdots + \dfrac{1}{n} (= S_n)$ は $\log_e n + \gamma$ に漸近する．このことを知っていれば，

$$\lim_{n \to \infty} \dfrac{1 + \dfrac{1}{2} + \cdots + \dfrac{1}{n}}{\log_e n} = \lim_{n \to \infty} \dfrac{S_n}{\log_e n} = \lim_{n \to \infty} \dfrac{\log_e n + \gamma}{\log_e n}$$

$$= \lim_{n \to \infty} \left(1 + \dfrac{\gamma}{\log_e n}\right) = 1$$

と解くこともできる．

▶ 練習問題〈1次検定〉◀

1 $a^{\frac{1}{2}} + a^{-\frac{1}{2}} = 3$ のとき，次の問いに答えなさい．

(1) $a + a^{-1}$ の値を求めなさい．

(2) $\dfrac{a^{\frac{3}{2}} + a^{-\frac{3}{2}} + 2}{a^2 + a^{-2} + 3}$ の値を求めなさい．

2 $n \geqq 3$ のとき，次の和を求め，因数分解した形で答えなさい．

$$\sum_{k=3}^{n} {}_k\mathrm{C}_3$$

3 等差数列 $\{a_n\}$ $(n \geqq 1)$ において，$a_1 \neq a_2$，$4a_3 = a_7$ が成り立つとします．このとき

$$4a_7 = a_n$$

を満たす正の整数 n を求めなさい．

練習問題

4 $x = \omega + 2i$ を解にもつ整数係数の方程式のうち，次数が最小で x の最高次数の項の係数が 1 であるものを求めなさい．ただし，ω は $\omega^3 = 1$ を満たす虚数を表し，i は虚数単位を表します．

5 空間に 4 点 O$(0,0,0)$，A$(0,1,2)$，B$(-2,-1,0)$，C$(1,0,3)$ があります．点 O から 3 点 A，B，C を通る平面に垂線を下ろし，その平面との交点を P とします．このとき，点 P の座標を求めなさい．

6 次の極限値を求めなさい．

$$\lim_{x \to 0} \frac{2^x - 1}{x}$$

7 k，l を実数とします．x，y に関する連立 1 次方程式について次の問いに答えなさい．

(1) 連立方程式 $\begin{cases} x + ky = 1 \\ 2x + 4y = 3 \end{cases}$ が解をもたないように定数 k の値を定めなさい．

(2) 連立方程式 $\begin{cases} x + y = lx \\ -3x + 5y = ly \end{cases}$ が $x = y = 0$ 以外の解をもつように定数 l の値を定めなさい．

8 4 次方程式 $x^4 + ax + b = 0$ の実数解が $x = 1$ のみであるとき，次の問いに答えなさい．ただし，a，b は実数とします．

(1) a，b の値を求めなさい．

(2) 上の方程式の虚数解を求めなさい．

▶ 練習問題〈2 次検定〉◀

1 中国の元の時代の天文学者は，次のような方法で円の弧の長さを計算しました．右の図のような点 O を中心とする半径 r の円の弧を $\stackrel{\frown}{\mathrm{PA}}$ とし，P から OA に引いた垂線と OA との交点を H，PH を延長した円 O の弦を PQ とすると

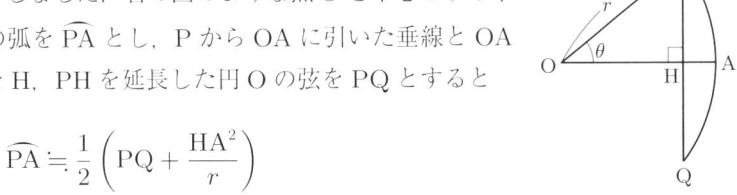

$$\stackrel{\frown}{\mathrm{PA}} \fallingdotseq \frac{1}{2}\left(\mathrm{PQ} + \frac{\mathrm{HA}^2}{r}\right)$$

第3章 総仕上げレベル

と表されます．∠POA $= \theta$（ラジアン）とするとき，次の問いに答えなさい．

(1) 上の式を用いると，θ はどのような関数 $f(\theta)$ で近似されることになりますか．$f(\theta)$ を θ の三角関数で表しなさい．　　　　　　　　（表現技能）

(2) (1) で求めた $f(\theta)$ について，$\theta > 0$ のとき $\theta > f(\theta)$ であることを示しなさい．

(3) 上の近似式は θ が小さいときには，かなりよい近似値を与えます．$0 < \theta \leqq \dfrac{\pi}{3}$ での $\overparen{PA}$ の最大誤差は何 % ですか．答えは四捨五入して，正の整数で求めなさい．

2 n を正の整数とするとき，$(\sqrt{10} - 3)^n$ はすべての n について，それぞれ適当な正の整数 m が存在して $\sqrt{m+1} - \sqrt{m}$ と表されることを証明しなさい．

（証明技能）

3 実数 x, y が 2 つの不等式 $y \geqq \dfrac{1}{2}x$, $y \leqq -x^2 + 3x - \dfrac{1}{4}$ を満たすとき

$$\dfrac{x^2}{2x^2 - 2xy + y^2}$$

のとりうる値の最大値，最小値を求めなさい．

4 右の図のように，OA = OB である二等辺三角形 OAB があります．辺 AB の中点を M とし，OM の延長上に ∠OAP $= 90°$ となるように点 P をとります．$\overrightarrow{OA} = \vec{a}$, $\overrightarrow{OB} = \vec{b}$, ∠AOM $= \theta$ とおくとき，次の問いに答えなさい．　　　　　　　　（表現技能）

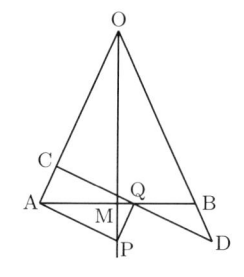

(1) $\overrightarrow{OP}$ を $\vec{a}$, $\vec{b}$, θ を用いて表しなさい．

(2) 辺 AB 上に $\overrightarrow{OQ} = \dfrac{m}{m+n}\vec{a} + \dfrac{n}{m+n}\vec{b}$ である点 Q をとります．ここで，m, n は相異なる正の数とします．点 Q を通る直線が OA, OB またはその延長と交わる点をそれぞれ C, D とし，$\overrightarrow{OC} = \alpha\vec{a}$, $\overrightarrow{OD} = \beta\vec{b}$ とおきます．このとき，α と β との間にどのような関係が成り立ちますか．m, n を用いて表しなさい．

(3) (2)のとき，PQ⊥CD ならば α と β との間にどのような関係が成り立ちますか．m，n を用いて表しなさい．

5 xy 平面上に2つの直線 $l:y=x$ と $m:y=-x$ があります．逆行列をもつような行列 $A=\begin{pmatrix} a & b \\ c & d \end{pmatrix}$ (a, b, c, d は実数)で表される平面上の1次変換 f によって，l, m がそれぞれ自分自身に移されるとき，行列 A の一般形を求めなさい．

6 O を原点とする xy 平面上に $y=\sqrt{x^2-1}$ ($x \geqq 1$) で表される曲線があります．これについて，次の問いに答えなさい．

(1) 以下の等式が $t \geqq 1$ を満たすすべての実数 t に対して成り立つような定数 a, b の組 (a,b) がただ1つ存在します．この組 (a,b) を求めなさい．ただし，e は自然対数の底を表します．

$$\int_1^t \sqrt{x^2-1}\,dx = at\sqrt{t^2-1} + b\log_e(t+\sqrt{t^2-1})$$

(2) 曲線上に異なる2点 A(1,0), B($p, \sqrt{p^2-1}$) をとり，直線 OA と直線 OB および曲線で囲まれた部分の面積を $\dfrac{S}{2}$ とおきます．このとき，p を S の式で表しなさい． （表現技能）

7 9個の □ の中に1から9までの数字を1個ずつあてはめて，下の等式を完成させたいと思います．ただし，同じ数字を2回以上用いてはいけません．A = 1，B = 2 のとき，残りの C から I にあてはまる数字の組をすべて求めなさい．

$\boxed{A} + \boxed{B} + \boxed{C} \times \{\boxed{D} \times (\boxed{E} + \boxed{F}) \times (\boxed{G} + \boxed{H}) + \boxed{I}\} = 2010$

8 関数 $f(t) = \sin^3 t + \sin^2 t - \sin t + \cos^2 t$ を用いて，xy 平面上の曲線 C が

$$\begin{cases} x = f(t)\cos t \\ y = f(t)\sin t \end{cases} \quad (0 \leqq t \leqq 2\pi)$$

のように媒介変数表示されています．また，原点を中心とし半径が $\dfrac{1}{3}$ の円を S と

第3章 総仕上げレベル

します．曲線 C 上に点 P をとり，円 S 上に点 Q をとるとき，2点 P，Q 間の距離の最大値と最小値を求めなさい．ただし，最大値，最小値を与えるときの2点 P，Q の座標は求めなくてもよいものとします．

9 T チーム，G チーム，D チームの3つの野球チームで優勝決定戦を行います．まず，G チームと D チームで3回続けて試合を行い，はじめに2勝したほうが勝ち上がります．次に，勝ち上がったチームが T チームと5回続けて試合を行い，はじめに3勝したほうが優勝となります．過去の対戦成績から，1試合につき，T チームが G チームに勝つ確率は60%，T チームが D チームに勝つ確率は40%，D チームが G チームに勝つ確率は60%です．引き分けはないものとします．このとき，次の問いに答えなさい．答えは小数第1位を四捨五入して，整数で求めなさい． （統計技能）

(1) D チームが勝ち上がる確率は何%ですか．

(2) T チームが優勝する確率は何%ですか．

10 $0 < p < 1$ とし，$A = \begin{pmatrix} p & 0 \\ p & p \end{pmatrix}$ に対して，$T_n = A + A^2 + A^3 + \cdots + A^n$ とします．このとき，$\lim_{n \to \infty} T_n$ を求めなさい．ここで，$\lim_{n \to \infty} np^n = 0$ であることは用いてもかまいません．

実用数学技能検定準1級
模擬検定問題

「数学検定」実用数学技能検定（模擬）

準 1 級

〈1次：計算技能検定〉

◎検定時間は**60分**です．
◎**電卓・ものさし・コンパス・分度器**を使用することはできません．

問題1. 次の式を係数が複素数の範囲で因数分解しなさい．

$$x^4 + x^2 - 2$$

問題2. x を実数とします．$2^x - 2^{-x} = 3$ のとき，$2^{3x} + 2^{-3x}$ の値を求めなさい．

問題3. △ABC において，AB $= 2$，BC $= \sqrt{3}$，CA $= 1$ です．このとき，ベクトル $\overrightarrow{AB}$ と $\overrightarrow{BC}$ の内積 $\overrightarrow{AB} \cdot \overrightarrow{BC}$ を求めなさい．

1次：計算技能検定

問題 4. 2次正方行列 $A = \dfrac{1}{2}\begin{pmatrix} \sqrt{3} & -1 \\ 1 & \sqrt{3} \end{pmatrix}$ について，次の問いに答えなさい．

(1) A^2 を求めなさい．

(2) A^3 を求めなさい．

問題 5. $z_1 = \sqrt{2} + \sqrt{2}i$，$z_2 = \sqrt{3} + i$ とするとき，$\dfrac{z_1^{\,4}}{z_2}$ の値を求めなさい．ただし，i は虚数単位を表します．

問題 6. $x^{\frac{3}{2}} + y^{\frac{3}{2}} = 16$ で表される xy 平面上の曲線について，次の問いに答えなさい．

(1) $\dfrac{dy}{dx}$ を計算しなさい．

(2) 曲線上の点 $(4,4)$ における接線の傾きを求めなさい．

問題 7. 定積分 $\displaystyle\int_0^2 |2^x - 2|\,dx$ を求めなさい．

「数学検定」実用数学技能検定（模擬）

準 1 級

〈2次：数理技能検定〉

◎検定時間は **120分** です．
◎**電卓**を使用することができます．
◎問題 1～5 は選択問題です．2題を選択してください．問題 6・7 は必須問題です．

問題1．（選択）

円 $(x-4)^2 + y^2 = 4$ と直線 $y = mx$（m は定数）が，相異なる2点 A，B で交わるとき，次の問いに答えなさい．

(1) m の値の範囲を求めなさい．
(2) 線分 AB の中点 M の軌跡を求めなさい．

問題2．（選択）

1辺の長さが1の正四面体 OABC において，△ABC の重心を G，△OBC の重心を H とします．$\vec{OA} = \vec{a}$，$\vec{OB} = \vec{b}$，$\vec{OC} = \vec{c}$ として，次の問いに答えなさい．

(1) 線分 OG と線分 AH が1点で交わることを示しなさい．
(2) 上の (1) の交点を P とおくとき，四面体 PABC の体積を求めなさい．

2次：数理技能検定

問題3. （選択）

行列 $A = \begin{pmatrix} 1 & 2 \\ 2 & -2 \end{pmatrix}$, $B = \begin{pmatrix} 2 & -1 \\ 1 & 2 \end{pmatrix}$ について，次の問いに答えなさい．

(1) B^{-1} を求めなさい．

(2) 行列 P を $P = B^{-1}AB$ とします．このとき，P を求めなさい．

(3) n を正の整数とするとき，A^n を求めなさい．

問題4. （選択）

a, b を実数とします．x, y に関する下の連立方程式が解をもつような a, b の範囲を求め，それを ab 平面上に図示しなさい． （表現技能）

$$\begin{cases} xy = a^4 \\ (\log_{10} x)(\log_{10} y) = (\log_{10} b)^2 \end{cases}$$

問題5. （選択）

数列 $\{a_n\}$ が $a_n = 19^n + (-1)^{n-1} \cdot 2^{4n-3}$ $(n = 1, 2, 3, \ldots)$ を満たすとき，次の問いに答えなさい．

(1) a_1, a_2 を求め，すべての a_n を割り切る素数を推定しなさい．

(2) (1) の推定が正しいことを証明しなさい． （証明技能）

実用数学技能検定準1級　模擬検定問題

問題 6.（必須）

次の問いに答えなさい．

(1) 次の和を求めなさい．

$$\sum_{k=1}^{n}\left\{\frac{k+1}{(2k-1)(2k+1)}\times\frac{1}{3^k}\right\}$$

(2) 次の無限級数の和を求めなさい．

$$\sum_{k=1}^{\infty}\left\{\frac{k+1}{(2k-1)(2k+1)}\times\frac{1}{3^k}\right\}$$

問題 7.（必須）

a, b を実数とします．次の定積分の値が最小となるように a, b の値をそれぞれ定めなさい．また，そのときの最小値を求めなさい．

$$\int_0^1 (ax+b-\sin 2\pi x)^2\,dx$$

練習問題解答・解説

第1章 ウォーミングアップレベル

〈1次検定〉

1 $(x^2 + 2x + 2)(x^2 - 2x + 2)$

◆ 解 説

複2次式の因数分解をする．
$$x^4 + 4 = x^4 + 4x^2 + 4 - 4x^2$$
$$= (x^2 + 2)^2 - 4x^2 = (x^2 + 2x + 2)(x^2 - 2x + 2)$$

2 4

◆ 解 説

分数式の計算をする．
$$\left\{x + y - \frac{(x-y)^2}{x+y}\right\} \times \left(\frac{1}{x} + \frac{1}{y}\right) = \frac{(x+y)^2 - (x-y)^2}{x+y} \times \frac{x+y}{xy}$$
$$= \frac{4xy}{x+y} \times \frac{x+y}{xy} = 4$$

3 2^{100}

◆ 解 説

対数方程式を解く．
$$\log_{10}(\log_2 x) = 2 \qquad \cdots(1)$$
から
$$\log_{10}(\log_2 x) = \log_{10} 100$$
$$\log_2 x = 100$$
よって，
$$x = 2^{100}$$
また，式 (1) で，真数条件から $x > 0$ かつ $\log_2 x > 0$，すなわち $x > 1$ であり，$x = 2^{100}$ はこの条件を満たす．

練習問題解答・解説

4 (1) $-\dfrac{1}{4}$ (2) $\dfrac{3\sqrt{15}}{4}$

◇ 解 説

(1) 余弦定理から
$$4^2 = 3^2 + 2^2 - 2 \cdot 3 \cdot 2 \cos A$$
$$16 = 13 - 12 \cos A$$
$$\cos A = -\dfrac{1}{4}$$

(2) $S = \dfrac{1}{2} \cdot 3 \cdot 2 \sin A = 3 \sin A$

$\sin A > 0$ であるから,
$$\sin A = \sqrt{1 - \cos^2 A} = \sqrt{1 - \dfrac{1}{16}} = \dfrac{\sqrt{15}}{4}$$

よって, $S = 3 \sin A = \dfrac{3\sqrt{15}}{4}$

5 $120°$

◇ 解 説

ベクトルの内積を利用する.
$$|\vec{a}| = \sqrt{1^2 + (-2)^2 + (-1)^2} = \sqrt{6}$$
$$|\vec{b}| = \sqrt{3^2 + 3^2 + 6^2} = \sqrt{54} = 3\sqrt{6}$$
$$\vec{a} \cdot \vec{b} = 1 \times 3 + (-2) \times 3 + (-1) \times 6 = -9$$

であるから,
$$\cos \theta = \dfrac{\vec{a} \cdot \vec{b}}{|\vec{a}||\vec{b}|} = \dfrac{-9}{\sqrt{6} \times 3\sqrt{6}} = -\dfrac{1}{2} \quad \text{および} \quad 0° \leqq \theta \leqq 180° \text{ より, } \theta = 120°$$

6 $-\dfrac{1}{6}$

◇ 解 説

分子を有理化して無理関数の極限値を求める.
$$\lim_{x \to \infty} \dfrac{(3x - 1 - \sqrt{9x^2 - 5x + 1})(3x - 1 + \sqrt{9x^2 - 5x + 1})}{3x - 1 + \sqrt{9x^2 - 5x + 1}}$$
$$= \lim_{x \to \infty} \dfrac{9x^2 - 6x + 1 - (9x^2 - 5x + 1)}{3x - 1 + \sqrt{9x^2 - 5x + 1}} = \lim_{x \to \infty} \dfrac{-x}{3x - 1 + \sqrt{9x^2 - 5x + 1}}$$

第1章　ウォーミングアップレベル

$$= \lim_{x \to \infty} \frac{-1}{3 - \frac{1}{x} + \sqrt{9 - \frac{5}{x} + \frac{1}{x^2}}} = \frac{-1}{3+3} = -\frac{1}{6}$$

◇参　考

次のような極限値を求める場合，分子・分母の両方を有理化する．

$$\lim_{n \to \infty} \frac{\sqrt{n+2} - \sqrt{n+1}}{\sqrt{3n+5} - \sqrt{3n+4}}$$

$$= \lim_{n \to \infty} \frac{(\sqrt{n+2} - \sqrt{n+1})(\sqrt{n+2} + \sqrt{n+1})(\sqrt{3n+5} + \sqrt{3n+4})}{(\sqrt{3n+5} - \sqrt{3n+4})(\sqrt{3n+5} + \sqrt{3n+4})(\sqrt{n+2} + \sqrt{n+1})}$$

$$= \lim_{n \to \infty} \frac{(n+2-n-1)(\sqrt{3n+5} + \sqrt{3n+4})}{(3n+5-3n-4)(\sqrt{n+2} + \sqrt{n+1})}$$

$$= \lim_{n \to \infty} \frac{\sqrt{3n+5} + \sqrt{3n+4}}{\sqrt{n+2} + \sqrt{n+1}} = \lim_{n \to \infty} \frac{\sqrt{3 + \frac{5}{n}} + \sqrt{3 + \frac{4}{n}}}{\sqrt{1 + \frac{2}{n}} + \sqrt{1 + \frac{1}{n}}}$$

$$= \frac{\sqrt{3} + \sqrt{3}}{1+1} = \sqrt{3}$$

7　$\tan \theta - \theta + C$　（C は積分定数）

◈解　説

三角関数の不定積分を計算する．

$$\int \tan^2 \theta \, d\theta = \int \frac{\sin^2 \theta}{\cos^2 \theta} \, d\theta$$

$$= \int \frac{1 - \cos^2 \theta}{\cos^2 \theta} \, d\theta = \int \left(\frac{1}{\cos^2 \theta} - 1 \right) d\theta = \tan \theta - \theta + C$$

・別　解

置換積分を行う．$\tan \theta = t$ とおくと，$d\theta = \dfrac{dt}{1+t^2}$ なので，

$$\int \tan^2 \theta \, d\theta = \int \frac{t^2}{1+t^2} \, dt = \int \left(1 - \frac{1}{1+t^2} \right) dt = t - \tan^{-1} t + C$$

$$= \tan \theta - \theta + C$$

なお，$\tan^{-1} x$ は $\tan x$ の逆関数で，$\tan^{-1}(\tan \theta) = \theta$ である．

練習問題解答・解説

> ◇ 参 考
>
> 次の公式は確実に覚えること．
> ① $\int \dfrac{1}{\cos^2\theta}\,d\theta = \tan\theta + C$ 　② $\int \dfrac{1}{\sin^2\theta}\,d\theta = -\dfrac{1}{\tan\theta} + C$

8 (1) $\begin{pmatrix} 1 & 0 \\ 0 & 1 \end{pmatrix}$ 　(2) $x = -1$

> ◆ 解 説
>
> 行列の演算を行う．
>
> (1) $A = \begin{pmatrix} 2 & -1 \\ 3 & -2 \end{pmatrix}$ から，
>
> $$A^2 = \begin{pmatrix} 2 & -1 \\ 3 & -2 \end{pmatrix}\begin{pmatrix} 2 & -1 \\ 3 & -2 \end{pmatrix} = \begin{pmatrix} 1 & 0 \\ 0 & 1 \end{pmatrix}$$
>
> (2) $A = \begin{pmatrix} 2 & x-1 \\ x+3 & -2 \end{pmatrix}$ が逆行列をもたないので，
>
> $\Delta = -4 - (x-1)(x+3) = 0$
>
> $x^2 + 2x + 1 = 0$
>
> $(x+1)^2 = 0$
>
> よって，$x = -1$

> ・別 解
>
> (1) $A = \begin{pmatrix} 2 & -1 \\ 3 & -2 \end{pmatrix}$ で，ケーリー・ハミルトンの定理から
>
> $A^2 - (2-2)A + (-4+3)E = 0$
>
> よって，$A^2 - E = O$ となる．したがって，$A^2 = E = \begin{pmatrix} 1 & 0 \\ 0 & 1 \end{pmatrix}$

9 $(\sqrt{34}, 0)$, $(-\sqrt{34}, 0)$

> ◆ 解 説
>
> 2次曲線（双曲線）の焦点を求める．
> $\pm\sqrt{9+25} = \pm\sqrt{34}$ から，$(\pm\sqrt{34}, 0)$

> ◇ 参 考（双曲線における焦点の座標）
>
> ◎標準形① $\dfrac{x^2}{a^2} - \dfrac{y^2}{b^2} = 1$ $(a > 0,\ b > 0)$ の場合

第1章　ウォーミングアップレベル

$$(\sqrt{a^2+b^2},\ 0),\ (-\sqrt{a^2+b^2},\ 0)$$

◎標準形② $\dfrac{x^2}{a^2} - \dfrac{y^2}{b^2} = -1\ (a>0,\ b>0)$ の場合

$$(0,\ \sqrt{a^2+b^2}),\ (0,\ -\sqrt{a^2+b^2})$$

なお，漸近線は，標準形①，②ともに $y = \pm\dfrac{b}{a}x$ である．

10　$l^2 + m^2 - 4n > 0$

◇ 解　説

$x^2 + y^2 + lx + my + n = 0$ を変形して

$$\left(x + \frac{l}{2}\right)^2 + \left(y + \frac{m}{2}\right)^2 = \frac{l^2}{4} + \frac{m^2}{4} - n$$

中心 (a, b)，半径 r の円の方程式は，

$$(x-a)^2 + (y-b)^2 = r^2 \quad (r > 0)$$

よって，円を表すためには

$$\frac{l^2}{4} + \frac{m^2}{4} - n > 0$$

でなければならないから，求める条件は

$$l^2 + m^2 - 4n > 0$$

〈2次検定〉

1　(1) $\cos 3\theta + \cos 2\theta + \cos\theta = 0$ を，倍角の公式を用いて $\cos\theta$ だけの関係式にする．

$$4\cos^3\theta - 3\cos\theta + 2\cos^2\theta - 1 + \cos\theta = 0$$
$$4\cos^3\theta + 2\cos^2\theta - 2\cos\theta - 1 = 0$$
$$2\cos^2\theta(2\cos\theta + 1) - (2\cos\theta + 1) = 0$$
$$(2\cos^2\theta - 1)(2\cos\theta + 1) = 0$$
$$\cos\theta = \pm\frac{1}{\sqrt{2}},\ -\frac{1}{2}$$

これを満たすのは，$\theta = 45°,\ 120°,\ 135°,\ 225°,\ 240°,\ 315°$ である．

　(答) $\theta = 45°,\ 120°,\ 135°,\ 225°,\ 240°,\ 315°$

(2) $\sin 3\theta + \sin 2\theta + \sin\theta = 0$ を，倍角の公式を用いて変形する．

$$3\sin\theta - 4\sin^3\theta + 2\sin\theta\cos\theta + \sin\theta = 0$$

練習問題解答・解説

$$\sin\theta\{4(1-\sin^2\theta)+2\cos\theta\}=0$$

$$\sin\theta(4\cos^2\theta+2\cos\theta)=0$$

$$2\sin\theta\cos\theta(2\cos\theta+1)=0$$

$$\sin\theta=0 \quad \text{または} \quad \cos\theta=0, \ -\frac{1}{2}$$

これを満たすのは，$\theta=0°,\ 180°,\ 90°,\ 270°,\ 120°,\ 240°$ である．

（答）$\theta=0°,\ 90°,\ 120°,\ 180°,\ 240°,\ 270°$

別 解

(1) 和積公式を用いて，次のように求めてもよい．

$$\cos3\theta+\cos2\theta+\cos\theta=2\cos\frac{3\theta+\theta}{2}\cdot\cos\frac{3\theta-\theta}{2}+\cos2\theta$$

$$=2\cos2\theta\cdot\cos\theta+\cos2\theta=\cos2\theta(2\cos\theta+1)$$

$$=(2\cos^2\theta-1)(2\cos\theta+1)$$

(2) (1)と同様に，次のように求めてもよい．

$$\sin3\theta+\sin2\theta+\sin\theta=2\sin\frac{3\theta+\theta}{2}\cdot\cos\frac{3\theta-\theta}{2}+\sin2\theta$$

$$=2\sin2\theta\cdot\cos\theta+\sin2\theta=\sin2\theta(2\cos\theta+1)$$

$$=2\sin\theta\cos\theta(2\cos\theta+1)$$

◇参 考

和積公式，積和公式は覚えるだけでなく，加法定理から導けるようにすること．

◎積和公式（積を和に直す公式）

① $\sin\alpha\cos\beta=\dfrac{1}{2}\{\sin(\alpha+\beta)+\sin(\alpha-\beta)\}$

② $\cos\alpha\sin\beta=\dfrac{1}{2}\{\sin(\alpha+\beta)-\sin(\alpha-\beta)\}$

③ $\cos\alpha\cos\beta=\dfrac{1}{2}\{\cos(\alpha+\beta)+\cos(\alpha-\beta)\}$

④ $\sin\alpha\sin\beta=-\dfrac{1}{2}\{\cos(\alpha+\beta)-\cos(\alpha-\beta)\}$

◎和積公式（和を積に直す公式）

① $\sin A+\sin B=2\sin\dfrac{A+B}{2}\cos\dfrac{A-B}{2}$

② $\sin A-\sin B=2\cos\dfrac{A+B}{2}\sin\dfrac{A-B}{2}$

第1章 ウォーミングアップレベル

③ $\cos A + \cos B = 2\cos\dfrac{A+B}{2}\cos\dfrac{A-B}{2}$

④ $\cos A - \cos B = -2\sin\dfrac{A+B}{2}\sin\dfrac{A-B}{2}$

2 $x^3+y^3+z^3-3xyz=(x+y+z)(x^2+y^2+z^2-xy-yz-zx)$ から

$$(x+y+z)(x^2+y^2+z^2-xy-yz-zx)=0 \quad \cdots(1)$$

が成り立つ.

$x\neq y,\ y\neq z,\ z\neq x$ であるから,

$$x^2+y^2+z^2-xy-yz-zx=\dfrac{1}{2}\{(x-y)^2+(y-z)^2+(z-x)^2\}>0$$

式 (1) の両辺を $x^2+y^2+z^2-xy-yz-zx$ で割って

$$x+y+z=0$$

であることがわかる.

3
$$(i+1)x^2+(a+i)x+ai+1=0$$
$$ix^2+x^2+ax+ix+ai+1=0$$
$$x^2+ax+1+(x^2+x+a)i=0 \quad \cdots(1)$$

a, x はともに実数であるので, 式 (1) から

$$x^2+ax+1=0 \quad \cdots(2)$$
$$x^2+x+a=0 \quad \cdots(3)$$

式 (2) − 式 (3) から

$$ax-x+1-a=0$$
$$(a-1)x-(a-1)=0$$
$$(a-1)(x-1)=0$$
$$a=1 \quad \text{または} \quad x=1$$

(ⅰ) $a=1$ のとき

式 (2) または式 (3) から, $x^2+x+1=0$. すなわち $x=\dfrac{-1\pm\sqrt{3}i}{2}$ となる. x が虚数になるので, 不適.

(ⅱ) $x=1$ のとき

式 (2) または式 (3) から, $a=-2$

(答) $a=-2$

練習問題解答・解説

4
$$x^4 + (y^2 - 2y - 3)x^2 - 2y^3 + 6y = x^4 + (y^2 - 2y - 3)x^2 - 2y(y^2 - 3)$$
$$= (x^2 + y^2 - 3)(x^2 - 2y)$$

より，もとの不等式は
$$(x^2 + y^2 - 3)(x^2 - 2y) < 0$$
となる．これは
$$x^2 + y^2 - 3 > 0 \quad \text{かつ} \quad x^2 - 2y < 0$$
または
$$x^2 + y^2 - 3 < 0 \quad \text{かつ} \quad x^2 - 2y > 0$$
である．これを図示すると，図 k.1 の斜線部分のようになる（ただし，境界は含まない）．

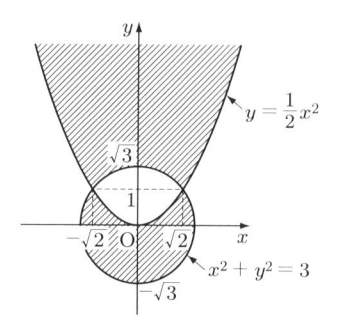

図 k.1　答えの領域

5 (1) $A + B + C = 180°$ より，和積公式を用いて，
$$\sin A + \sin B = 2\sin\frac{A+B}{2}\cos\frac{A-B}{2} = 2\sin\frac{180° - C}{2}\cos\frac{A-B}{2}$$
$$= 2\cos\frac{C}{2}\cos\frac{A-B}{2}$$

$\cos\dfrac{A-B}{2} \leqq 1$ より，

$$\sin A + \sin B \leqq 2\cos\frac{C}{2} \qquad \cdots(1)$$

が成り立つ．ただし，等号は $A = B$ のとき成り立つ．

(2) 式 (1) において，$A \to B$, $B \to C$, $C \to A$ と置き換えると

$$\sin B + \sin C \leqq 2\cos\frac{A}{2} \quad \text{（等号は $B = C$ のとき成り立つ）} \qquad \cdots(2)$$

今度は式 (2) において $A \to B$, $B \to C$, $C \to A$ と置き換えると，

$$\sin C + \sin A \leqq 2\cos\frac{B}{2} \quad \text{（等号は $C = A$ のとき成り立つ）} \qquad \cdots(3)$$

式 (1)〜(3) の辺々を加えて 2 で割ると，

$$\sin A + \sin B + \sin C \leqq \cos\frac{A}{2} + \cos\frac{B}{2} + \cos\frac{C}{2} \qquad \cdots(4)$$

がわかる．式 (4) において等号が成り立つための必要十分条件は，式 (1)〜(3) それぞれにおいて等号が成り立つことである．よって，

$$A = B \quad \text{かつ} \quad B = C \quad \text{かつ} \quad C = A$$

第1章 ウォーミングアップレベル

すなわち，$A = B = C$ であるから，$\triangle ABC$ は正三角形である．
（答）正三角形

6 図 k.2 のように，$A(a_1, a_2)$，$B(b_1, b_2)$ とし，$\overrightarrow{OA} = \vec{a}$，$\overrightarrow{OB} = \vec{b}$ とすると，余弦定理より

$$\cos\theta = \frac{OA^2 + OB^2 - AB^2}{2OA \cdot OB}$$

$|\vec{a}| = OA$，$|\vec{b}| = OB$，$|\vec{a} - \vec{b}| = AB$ だから，

$$\begin{aligned}
\vec{a} \cdot \vec{b} &= OA \cdot OB \cos\theta \\
&= OA \cdot OB \cdot \frac{OA^2 + OB^2 - AB^2}{2OA \cdot OB} \\
&= \frac{1}{2}(OA^2 + OB^2 - AB^2) \\
&= \frac{1}{2}\left[(a_1^2 + a_2^2) + (b_1^2 + b_2^2) - \{(a_1 - b_1)^2 + (a_2 - b_2)^2\}\right] \\
&= \frac{1}{2}\{a_1^2 + a_2^2 + b_1^2 + b_2^2 - (a_1^2 - 2a_1b_1 + b_1^2 + a_2^2 - 2a_2b_2 + b_2^2)\} \\
&= a_1b_1 + a_2b_2
\end{aligned}$$

図 k.2　ベクトル $\vec{a}$，$\vec{b}$

よって，次の式が成り立つことがわかる．

$$\vec{a} \cdot \vec{b} = a_1b_1 + a_2b_2$$

7 各 a_n の桁数について考える．

a_1 の桁数は 1，a_2 の桁数は 2，a_3 の桁数は $4 = 2^2$，a_4 の桁数は $8 = 2^3$，a_5 の桁数は $16 = 2^4$，$\ldots$，a_n の桁数は 2^{n-1}

である．これと等比級数の和の公式より，

$$a_n = 1 + 10 + 10^2 + \cdots + 10^{2^{n-1}-1} = \frac{1 \cdot (10^{2^{n-1}} - 1)}{10 - 1} = \frac{10^{2^{n-1}} - 1}{9}$$

（答）$a_n = \dfrac{10^{2^{n-1}} - 1}{9}$

❖ 解 説

$a_1 = \dfrac{10 - 1}{9} = \dfrac{9}{9} = 1$，$a_2 = \dfrac{10^2 - 1}{9} = \dfrac{99}{9} = 11$，$a_3 = \dfrac{10^4 - 1}{9} = \dfrac{9999}{9} = 1111$，$\ldots$ と確認できる．

8 x の値によって場合分けして考える．

練習問題解答・解説

（ⅰ）$-1 < x < 1$ のとき，$\lim_{n \to \infty} x^{2n-1} = 0$，$\lim_{n \to \infty} x^{2n} = 0$ より，$f(x) = \dfrac{-x}{1} = -x$

（ⅱ）$x = 1$ のとき，$\lim_{n \to \infty} x^{2n-1} = \lim_{n \to \infty} x^{2n} = 1$ より，$f(x) = \dfrac{1-1}{1+1} = 0$

（ⅲ）$x = -1$ のとき，$\lim_{n \to \infty} x^{2n-1} = -1$，$\lim_{n \to \infty} x^{2n} = 1$ より，$f(x) = \dfrac{-1+1}{1+1} = 0$

（ⅳ）$x > 1$ のとき，$\lim_{n \to \infty} \dfrac{1}{x^{2n-2}} = \lim_{n \to \infty} \dfrac{1}{x^{2n-1}} = 0$ より，$f(x) = \lim_{n \to \infty} \dfrac{1 - \dfrac{1}{x^{2n-2}}}{x + \dfrac{1}{x^{2n-1}}} = \dfrac{1}{x}$

（ⅴ）$x < -1$ のとき，$\lim_{n \to \infty} \dfrac{1}{x^{2n-2}} = \lim_{n \to \infty} \dfrac{1}{x^{2n-1}} = 0$ より，$f(x) = \lim_{n \to \infty} \dfrac{1 - \dfrac{1}{x^{2n-2}}}{x + \dfrac{1}{x^{2n-1}}} = \dfrac{1}{x}$

以上より，求める関数 $f(x)$ のグラフは図 k.3 のとおりである．

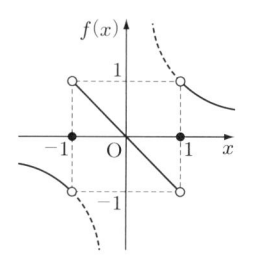

図 k.3　答えのグラフ

◆解　説

無限等比数列 $\{r^n\}$ の収束・発散は，次のようになる．

① $-1 < r < 1$（$|r| < 1$）のとき　$\lim_{n \to \infty} r^n = 0$　…　収束
② $r = 1$ のとき　$\lim_{n \to \infty} r^n = 1$　…　収束
③ $r > 1$ のとき　$\lim_{n \to \infty} r^n = \infty$　…　発散
④ $r = -1$ のとき　$\lim_{n \to \infty} r^n$ は n が偶数で $+1$，n が奇数で -1 と振動する　…　発散
⑤ $r < -1$ のとき　$\lim_{n \to \infty} r^n$ は $+$ と $-$ の値で振動し，n が限りなく大きくなると絶対値も限りなく大きくなる　…　発散

9 $\displaystyle \int_0^1 \dfrac{2\,dx}{x^3 + 9x^2 + 26x + 24} = \int_0^1 \dfrac{2\,dx}{(x+2)(x+3)(x+4)}$

$\displaystyle \qquad = \int_0^1 \left(\dfrac{1}{x+2} - \dfrac{2}{x+3} + \dfrac{1}{x+4} \right) dx$

$\displaystyle \qquad = \Big[\log_e |x+2| - 2\log_e |x+3| + \log_e |x+4| \Big]_0^1$

$\displaystyle \qquad = \log_e 3 - 2\log_e 4 + \log_e 5 - (\log_e 2 - 2\log_e 3 + \log_e 4)$

第1章 ウォーミングアップレベル

$$= -7\log_e 2 + 3\log_e 3 + \log_e 5 \quad (e \text{ は自然対数の底})$$

（答） $-7\log_e 2 + 3\log_e 3 + \log_e 5$

◇ 解 説

分母 $x^3 + 9x^2 + 26x + 24$ を因数分解した後，部分分数の分解も確実にできるようにしよう．

10 (1) 条件より，
$$A^2 = -E \quad \cdots(1)$$
ケーリー・ハミルトンの定理より，
$$A^2 - (a+d)A + (ad-bc)E = O \quad \cdots(2)$$
式 (1) − 式 (2) より
$$(a+d)A = (ad-bc-1)E \quad \cdots(3)$$
（ⅰ）$a+d=0$ のとき，式 (3) に代入して，
$$ad - bc - 1 = 0 \quad \text{すなわち} \quad ad - bc = 1$$
（ⅱ）$a+d \neq 0$ のとき，$A = kE$ （k は実数）と表せるが，
$$A^2 = k^2 E^2 = k^2 E$$
これが式 (1) と一致するには，$k^2 = -1$ で，k が実数であることに矛盾するので不適．

（答）$a+d=0$, $ad-bc=1$

(2) (1) の結果より，$a=-d$ を $bc=ad-1$ に代入して，$bc=-d^2-1$ となる．d は実数だから，$-d^2 \leqq 0$ である．よって，$bc = -d^2 - 1 \leqq -1$ が成り立つことがわかる．

◆ 参 考

式 (1) でなく次の条件式 (4) が与えられた場合について，$a+d$ および $ad-bc$ の値を求めてみよう．
$$A^2 - 4A + 3E = O \quad \cdots(4)$$
$$A^2 - (a+d)A + (ad-bc)E = O \quad \cdots(2)\text{（再掲）}$$
式 (4) − 式 (2) から
$$(a+d-4)A = (ad-bc-3)E \quad \cdots(5)$$
これも，$a+d-4=0$, $a+d-4 \neq 0$ の 2 つの場合を考える．
（ⅰ）$a+d-4=0$ のとき，$a+d=4$ を式 (5) に代入すれば，
$$ad - bc - 3 = 0 \quad \text{すなわち} \quad ad - bc = 3$$

練習問題解答・解説

（ⅱ）$a+d-4 \neq 0$ のとき，$A=kE$（k は実数）で，$A^2 = k^2 E^2 = k^2 E$ から式 (4) を変形して，

$$k^2 E = 4kE - 3E$$
$$(k^2 - 4k + 3)E = O$$

したがって，$k^2 - 4k + 3 = 0$ から，$k = 1, 3$ となる．

◎ $k=1$ のとき，$A = E = \begin{pmatrix} 1 & 0 \\ 0 & 1 \end{pmatrix} = \begin{pmatrix} a & b \\ c & d \end{pmatrix}$ から

$$a+d = 2, \quad ad - bc = 1$$

◎ $k=3$ のとき，$A = 3E = \begin{pmatrix} 3 & 0 \\ 0 & 3 \end{pmatrix} = \begin{pmatrix} a & b \\ c & d \end{pmatrix}$ から

$$a+d = 6, \quad ad - bc = 9$$

よって，この場合，$(a+d, ad-bc) = (4,3), (2,1), (6,9)$ の3つの解が得られる．

第2章 実践力養成レベル

〈1次検定〉

1 $a = \dfrac{88}{65}$，$b = -\dfrac{106}{65}$

◆ 解 説

$$\frac{1}{2+3i} + \frac{2}{3+i} + \frac{3}{1+2i} = a + bi \qquad \cdots (1)$$

$$\begin{aligned}
\text{式 (1) の左辺} &= \frac{2-3i}{(2+3i)(2-3i)} + \frac{2(3-i)}{(3+i)(3-i)} + \frac{3(1-2i)}{(1+2i)(1-2i)} \\
&= \frac{2-3i}{13} + \frac{2(3-i)}{10} + \frac{3(1-2i)}{5} \\
&= \frac{2-3i}{13} + \frac{6-7i}{5} \\
&= \frac{5(2-3i) + 13(6-7i)}{65} = \frac{88 - 106i}{65}
\end{aligned}$$

よって，$a = \dfrac{88}{65}$，$b = -\dfrac{106}{65}$

◇ 参 考（複素数の相等）

a, b, c, d を実数とするとき，次のことが成り立つ．

① $a + bi = c + di \quad \Leftrightarrow \quad a = c, b = d$ 　　② $a + bi = 0 \quad \Leftrightarrow \quad a = 0, b = 0$

第 2 章　実践力養成レベル

2　$(x-2)^2+(y-2)^2=4$,　$(x-10)^2+(y-10)^2=100$

◆解　説

点 $(4,2)$ を通り，x 軸および y 軸に接する円は，中心が第 1 象限にあるので，$a>0$ とするとき，その方程式は

$$(x-a)^2+(y-a)^2=a^2 \quad \cdots(1)$$

と表せる．円は点 $(4,2)$ を通ることから，式 (1) より，

$$(4-a)^2+(2-a)^2=a^2$$

上式を展開，整理して

$$a^2-12a+20=0$$
$$(a-2)(a-10)=0 \quad \text{から} \quad a=2,10$$

よって，$(x-2)^2+(y-2)^2=4$,　$(x-10)^2+(y-10)^2=100$ が得られる（図 k.4 参照）．

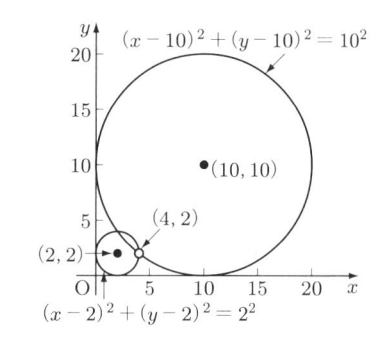

図 k.4　円 $(x-2)^2+(y-2)^2=4$ と $(x-10)^2+(y-10)^2=100$ のグラフ

3　$(x,y,z)=(1,2,0),\ (3,1,1)$

◆解　説

$2^x=X\ (>0)$, $3^y=Y\ (>0)$, $5^z=Z\ (>0)$ とおけば，連立方程式は，

$$\begin{cases} 2X-3Z=1 & \cdots(1) \\ X^2+Y^2+3Z=88 & \cdots(2) \\ -2XY+3Z=-33 & \cdots(3) \end{cases}$$

式 $(1)+$ 式 (2) から

$$X^2+2X+Y^2=89 \quad \cdots(4)$$

式 $(2)-$ 式 (3) から

$$X^2+2XY+Y^2=121$$
$$(X+Y)^2=11^2$$

$X>0$, $Y>0$ より，$X+Y=11$ となる．すなわち，

$$Y=11-X \quad \cdots(5)$$

式 (5) を式 (4) に代入し，整理すると

$$X^2-10X+16=0$$

練習問題解答・解説

$$(X-2)(X-8) = 0$$
$$X = 2, 8$$

それぞれの X の値を式 (5) に代入して，

$$Y = 9, 3$$

式 (1) より，$Z = \dfrac{2X-1}{3}$ なので，それぞれ $Z = 1, 5$ となる．よって，$(X, Y, Z) = (2, 9, 1)$，$(8, 3, 5)$．

$$X = 2^x = 2, 8 \text{ から，それぞれ } x = 1, 3$$
$$Y = 3^y = 9, 3 \text{ から，それぞれ } y = 2, 1$$
$$Z = 5^z = 1, 5 \text{ から，それぞれ } z = 0, 1$$

4 $\sqrt{10}$

◆解 説

$$\vec{c} = \vec{a} + t\vec{b} = (5, 5) + t(1, 3) = (5+t,\ 5+3t)$$
$$|\vec{c}|^2 = (5+t)^2 + (5+3t)^2 = 10t^2 + 40t + 50 = 10(t+2)^2 + 10$$

よって，$t = -2$ のとき，$|\vec{c}|$ の最小値は $\sqrt{10}$

●別 解

ベクトル方程式 $\vec{c} = \vec{a} + t\vec{b}$ は，図 k.5 のように点 $(5, 5)$ を通り，$\vec{b}$ に平行な直線を表すので，直線の方程式は，

$$y - 5 = 3(x - 5) \quad \text{よって} \quad 3x - y - 10 = 0$$

$|\vec{c}|$ の最小値は，原点と直線との距離なので，

$$\frac{|-10|}{\sqrt{3^2 + 1^2}} = \sqrt{10}$$

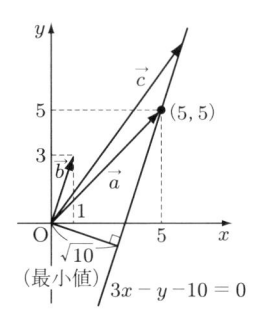

図 k.5　原点と直線との距離

5 $\dfrac{36}{55}$

◆解 説

$$\frac{1}{2^2 - 1} + \frac{1}{3^2 - 1} + \frac{1}{4^2 - 1} + \cdots + \frac{1}{10^2 - 1}$$

第 2 章　実践力養成レベル

$$= \sum_{k=2}^{10} \frac{1}{k^2-1} = \sum_{k=2}^{10} \frac{1}{(k-1)(k+1)} = \frac{1}{2}\sum_{k=2}^{10}\left(\frac{1}{k-1}-\frac{1}{k+1}\right)$$

$$= \frac{1}{2}\left(1-\frac{1}{\cancel{3}}+\frac{1}{2}-\frac{1}{\cancel{4}}+\frac{1}{\cancel{3}}-\frac{1}{\cancel{5}}+\frac{1}{\cancel{4}}-\frac{1}{\cancel{6}}+\cdots+\frac{1}{\cancel{7}}-\frac{1}{\cancel{9}}+\frac{1}{\cancel{8}}-\frac{1}{10}+\frac{1}{\cancel{9}}-\frac{1}{11}\right)$$

$$= \frac{1}{2}\left(1+\frac{1}{2}-\frac{1}{10}-\frac{1}{11}\right) = \frac{1}{2}\left(\frac{3}{2}-\frac{21}{110}\right) = \frac{1}{2}\times\frac{144}{110} = \frac{36}{55}$$

6　(1) $(2x^2+2x)e^{2x}$　　(2) $(4x^2+8x+2)e^{2x}$

◆ 解　説

(1) $f'(x) = 2xe^{2x} + x^2 \cdot 2e^{2x} = (2x^2+2x)e^{2x}$

(2) $f''(x) = (4x+2)e^{2x} + (2x^2+2x)2e^{2x} = (4x+2+4x^2+4x)2e^{2x}$
   $= (4x^2+8x+2)e^{2x}$

◇ 参　考

一般に，次のライプニッツ（Leibniz）の定理が成り立つ．

$$f^{(n)}(x) = \frac{d^n}{dx^n}(f(x)\cdot g(x)) = \sum_{r=0}^{n} {}_nC_r\, f^{(n-r)}(x)\cdot g^{(r)}(x)$$

$$= {}_nC_0\, f^{(n)}(x)\cdot g^{(0)}(x) + {}_nC_1\, f^{(n-1)}(x)\cdot g^{(1)}(x) + {}_nC_2\, f^{(n-2)}(x)\cdot g^{(2)}(x) + \cdots$$

本問の場合，$f(x) = e^{2x}$，$g(x) = x^2$ として，$g^{(m)}(x) = 0\ (m \geq 3)$ より，次のように表せる．

$$f^{(n)}(x) = 2^n e^{2x}\cdot x^2 + n2^{n-1}e^{2x}\cdot 2x + \frac{n(n-1)}{2}2^{n-2}e^{2x}\cdot 2$$

$$= 2^{n-2}e^{2x}(2^2 x^2 + 2^2 nx + n^2 - n)$$

$$= 2^{n-2}e^{2x}\{(2x+n)^2 - n\}$$

7　(1) $\log_e(1+e^x) + C$　（C は積分定数）　　(2) a

◆ 解　説

(1) $e^x = t$ とおくと，$e^x\,dx = dt$，$dx = \dfrac{dt}{t}$ となるから，

$$\int \frac{e^x}{1+e^x}\,dx = \int \frac{t}{1+t}\cdot\frac{1}{t}\,dt = \int \frac{1}{1+t}\,dt = \log_e|t+1| + C$$

$$= \log_e(e^x+1) + C\quad (\because e^x+1 > 0)$$

(2) $\displaystyle\int_{-a}^{a} \frac{e^x}{1+e^x}\,dx = \bigl[\log_e(e^x+1)\bigr]_{-a}^{a} = \log_e \frac{e^a+1}{e^{-a}+1}$

練習問題解答・解説

$$= \log_e \frac{e^a+1}{\dfrac{1}{e^a}+1} = \log_e \frac{e^a(e^a+1)}{1+e^a} = \log_e e^a = a$$

8 (1) $a=-2,\ b=1$　　(2) $\begin{pmatrix} 2 & -4 \\ 4 & 2 \end{pmatrix}$

◇解説

(1) $AB = \begin{pmatrix} 1 & 2 \\ a & b \end{pmatrix}\begin{pmatrix} 0 & 1 \\ -1 & 0 \end{pmatrix} = \begin{pmatrix} -2 & 1 \\ -b & a \end{pmatrix}$

$BA = \begin{pmatrix} 0 & 1 \\ -1 & 0 \end{pmatrix}\begin{pmatrix} 1 & 2 \\ a & b \end{pmatrix} = \begin{pmatrix} a & b \\ -1 & -2 \end{pmatrix}$

$AB=BA$ から,

$$-2=a,\ 1=b,\ -b=-1,\ a=-2$$

よって, $a=-2,\ b=1$

(2) $B^2 - A^2 = \begin{pmatrix} 0 & 1 \\ -1 & 0 \end{pmatrix}\begin{pmatrix} 0 & 1 \\ -1 & 0 \end{pmatrix} - \begin{pmatrix} 1 & 2 \\ -2 & 1 \end{pmatrix}\begin{pmatrix} 1 & 2 \\ -2 & 1 \end{pmatrix}$

$= \begin{pmatrix} -1 & 0 \\ 0 & -1 \end{pmatrix} - \begin{pmatrix} -3 & 4 \\ -4 & -3 \end{pmatrix} = \begin{pmatrix} 2 & -4 \\ 4 & 2 \end{pmatrix}$

・別 解

(2) $(B+A)(B-A) = B^2 - BA + AB - A^2$

$AB=BA$ から,

$$(B+A)(B-A) = B^2 - A^2$$

となる. $B+A = \begin{pmatrix} 1 & 3 \\ -3 & 1 \end{pmatrix},\ B-A = \begin{pmatrix} -1 & -1 \\ 1 & -1 \end{pmatrix}$ から,

$(B+A)(B-A) = \begin{pmatrix} 1 & 3 \\ -3 & 1 \end{pmatrix}\begin{pmatrix} -1 & -1 \\ 1 & -1 \end{pmatrix} = \begin{pmatrix} 2 & -4 \\ 4 & 2 \end{pmatrix}$

9 (1) $x \leqq -4,\ 4 \leqq x$　　(2) $y = \dfrac{1}{4}x^2 - 2$

◇解説

(1) $x = 2\left(t + \dfrac{1}{t}\right)$ を t で微分すると,

$$x' = 2\left(1 - \dfrac{1}{t^2}\right) = 2\dfrac{(t+1)(t-1)}{t^2}$$

第2章　実践力養成レベル

以下の増減表から，$x \leq -4$, $4 \leq x$ とわかる．

t	$\cdots$	-1	$\cdots$	0	$\cdots$	1	$\cdots$
x'	$+$	0	$-$		$-$	0	$+$
x	↗	-4	↘		↘	4	↗

(2) $x = 2\left(t + \dfrac{1}{t}\right)$, $y = t^2 + \dfrac{1}{t^2}$ である．$x^2 = 4\left(t^2 + \dfrac{1}{t^2} + 2\right)$ から，$x^2 = 4(y+2)$ を変形して，

$$y = \frac{1}{4}x^2 - 2$$

すなわち，放物線となる．ただし，$x \leq -4$, $4 \leq x$

10 (1) $\dfrac{3}{8}$　(2) $\dfrac{225}{512}$

◇解説

(1) ${}_3\mathrm{C}_2 \left(\dfrac{1}{2}\right)^2 \left(\dfrac{1}{2}\right) = 3 \times \dfrac{1}{4} \times \dfrac{1}{2} = \dfrac{3}{8}$

(2) 表が2枚だけ出る確率は $\dfrac{3}{8}$，それ以外の確率は $1 - \dfrac{3}{8} = \dfrac{5}{8}$ である．3回の操作のうち，表が2枚だけ出る回数が1回になる確率は，

$${}_3\mathrm{C}_1 \left(\frac{3}{8}\right)\left(\frac{5}{8}\right)^2 = 3 \times \frac{3}{8} \times \frac{25}{64} = \frac{225}{512}$$

◇解説

1回の試行で事象 A の起こる確率が p である独立な試行において，試行を n 回繰り返すとき，事象 A がちょうど r 回起こる確率 p_r は，

$$p_r = {}_n\mathrm{C}_r \, p^r (1-p)^{n-r}$$

11 $\dfrac{1 + \sqrt{3}\,i}{2} \left(= \dfrac{1}{2} + \dfrac{\sqrt{3}}{2}i \right)$

◇解説

$$\frac{(\cos 40° + i\sin 40°)(\cos 70° + i\sin 70°)}{\cos 50° + i\sin 50°} = \frac{\cos 110° + i\sin 110°}{\cos 50° + i\sin 50°} = \cos 60° + i\sin 60°$$

$$= \frac{1 + \sqrt{3}\,i}{2} \left(= \frac{1}{2} + \frac{\sqrt{3}}{2}i \right)$$

練習問題解答・解説

◇ 参 考

複素数 z_1, z_2 を

$$z_1 = r_1(\cos\theta_1 + i\sin\theta_1), \quad z_2 = r_2(\cos\theta_2 + i\sin\theta_2)$$

のように極形式で表した場合，積と商はそれぞれ以下のように表せる．

◎積：$z_1 z_2 = r_1(\cos\theta_1 + i\sin\theta_1) \times r_2(\cos\theta_2 + i\sin\theta_2)$
$\qquad = r_1 r_2 \bigl(\cos(\theta_1 + \theta_2) + i\sin(\theta_1 + \theta_2)\bigr)$

すなわち，$|z_1 z_2| = |z_1||z_2|$, $\arg(z_1 z_2) = \arg z_1 + \arg z_2$ である．

◎商：$\dfrac{z_1}{z_2} = \dfrac{r_1(\cos\theta_1 + i\sin\theta_1)}{r_2(\cos\theta_2 + i\sin\theta_2)} = \dfrac{r_1}{r_2}\bigl(\cos(\theta_1 - \theta_2) + i\sin(\theta_1 - \theta_2)\bigr)$

すなわち，$\left|\dfrac{z_1}{z_2}\right| = \dfrac{|z_1|}{|z_2|}$, $\arg\left(\dfrac{z_1}{z_2}\right) = \arg z_1 - \arg z_2$ である．

〈2次検定〉

1 $(x^2 + t)^2 = p(x + q)^2$ を展開して整理すると，

$$x^4 + 2tx^2 + t^2 = px^2 + 2pqx + pq^2$$
$$x^4 = (p - 2t)x^2 + 2pqx + pq^2 - t^2$$

$x^4 = 4x + 1$ と係数を比較して，

$$\begin{cases} p - 2t = 0 & \cdots(1) \\ 2pq = 4 & \cdots(2) \\ pq^2 - t^2 = 1 & \cdots(3) \end{cases}$$

式 (1) より，

$$t = \dfrac{p}{2} \qquad \cdots(1)'$$

式 (2) より，

$$pq = 2 \qquad \cdots(2)'$$

式 (1)′，式 (2)′ を式 (3) に代入すると，

$$2q - \left(\dfrac{p}{2}\right)^2 = 1, \quad q = \dfrac{p^2 + 4}{8}$$

これを式 (2)′に代入すると，

$$p \times \dfrac{p^2 + 4}{8} = 2 \quad \Leftrightarrow \quad p^3 + 4p - 16 = 0 \quad \Leftrightarrow \quad (p - 2)(p^2 + 2p + 8) = 0$$

p は実数だから，$p = 2$ である．したがって，

第 2 章　実践力養成レベル

$$q = \frac{2}{p} = 1, \quad t = \frac{p}{2} = 1$$

(答) $t = 1$, $p = 2$, $q = 1$

(2) (1) より

$$(x^2 + 1)^2 = 2(x + 1)^2$$
$$(x^2 + 1)^2 - 2(x + 1)^2 = 0$$
$$(x^2 + 1 + \sqrt{2}\,x + \sqrt{2}\,)(x^2 + 1 - \sqrt{2}\,x - \sqrt{2}\,) = 0$$

$x^2 + \sqrt{2}\,x + \sqrt{2} + 1 = 0$ より，$x = \dfrac{-\sqrt{2} \pm \sqrt{2 + 4\sqrt{2}}\,i}{2}$

$x^2 - \sqrt{2}\,x - \sqrt{2} + 1 = 0$ より，$x = \dfrac{\sqrt{2} \pm \sqrt{-2 + 4\sqrt{2}}}{2}$

(答) $x = \dfrac{\sqrt{2} \pm \sqrt{-2 + 4\sqrt{2}}}{2},\ \dfrac{-\sqrt{2} \pm \sqrt{2 + 4\sqrt{2}}\,i}{2}$

◆ 解　説

本問のような 4 次方程式の解法は，フェラーリ (Ferrari) によって次のように与えられた．一般に，4 次方程式は

$$X^4 + AX^3 + BX^2 + CX + D = 0 \qquad \cdots (4)$$

と表され，$x = X + \dfrac{A}{4}$ すなわち，$X = x - \dfrac{A}{4}$ として，式 (4) に代入すると，x^3 の項のない

$$x^4 + ax^2 + bx + c = 0 \qquad \cdots (5)$$

に変形できる．式 (5) は，$x^4 = -ax^2 - bx - c$ と変形して，本問のように両辺に $2tx^2 + t^2$ を加えると，

$$x^4 + 2tx^2 + t^2 = -ax^2 - bx - c + 2tx^2 + t^2$$
$$(x^2 + t)^2 = (2t - a)x^2 - bx + t^2 - c \qquad \cdots (6)$$

となる．式 (6) の右辺が完全平方式 $(mx + n)^2$ になるには，$(2t - a)x^2 - bx + t^2 - c = 0$ の判別式 $= 0$ となればよいので，

$$b^2 - 4(2t - a)(t^2 - c) = 0$$

となるような t を選べば，

$$(x^2 + t)^2 = (mx + n)^2 \qquad \cdots (7)$$
$$(x^2 + mx + t + n)(x^2 - mx + t - n) = 0$$

が得られる．そして，2 つの 2 次方程式

練習問題解答・解説

$$x^2 + mx + t + n = 0, \quad x^2 - mx + t - n = 0$$

を解くことによって，

$$x = \frac{-m \pm \sqrt{m^2 - 4(t+n)}}{2}, \quad x = \frac{m \pm \sqrt{m^2 - 4(t-n)}}{2} \qquad \cdots(8)$$

と解が求められる．

本問では，式 (7) が $(x^2+1)^2 = 2(x+1)^2$ になるので，$t=1$，$m=n=\sqrt{2}$ を式 (8) に代入することで，4次方程式の解が求められる．

2 (1) $(a^2 + b^2 + c^2)(x^2 + y^2 + z^2) - (ax + by + cz)^2$

$= a^2y^2 + a^2z^2 + b^2x^2 + b^2z^2 + c^2x^2 + c^2y^2 - 2abxy - 2bcyz - 2cazx$

$= (a^2y^2 - 2abxy + b^2x^2) + (b^2z^2 - 2bcyz + c^2y^2) + (c^2x^2 - 2cazx + a^2z^2)$

$= (ay - bx)^2 + (bz - cy)^2 + (cx - az)^2 \geqq 0$

したがって，

$$(a^2 + b^2 + c^2)(x^2 + y^2 + z^2) \geqq (ax + by + cz)^2$$

が成り立つことがわかる．

(2) (1) の結果より，等号成立は $ay = bx$ かつ $bz = cy$ かつ $cx = az$ のとき，すなわち，$a:b:c = x:y:z$ $\left(\text{または } \dfrac{x}{a} = \dfrac{y}{b} = \dfrac{z}{c}\right)$ のときである．

(答) $\underline{a:b:c = x:y:z \left(\text{または } \dfrac{x}{a} = \dfrac{y}{b} = \dfrac{z}{c}\right)}$

別 解

(1) $\vec{p} = (a, b, c)$，$\vec{q} = (x, y, z)$ とおくと，

$$|\vec{p}| = \sqrt{a^2 + b^2 + c^2}, \quad |\vec{q}| = \sqrt{x^2 + y^2 + z^2}, \quad \vec{p} \cdot \vec{q} = ax + by + cz$$

また，

$$(\vec{p} \cdot \vec{q})^2 = |\vec{p}|^2 |\vec{q}|^2 \cos^2 \theta \leqq |\vec{p}|^2 |\vec{q}|^2 \quad (\because 0 \leqq \cos^2 \theta \leqq 1)$$

という式が成り立つので，

$$(a^2 + b^2 + c^2)(x^2 + y^2 + z^2) \geqq (ax + by + cz)^2$$

が成立する．等号は，$\cos^2 \theta = 1$ のとき成り立つ．よって，$\vec{p}$，$\vec{q}$ が平行，すなわち $\vec{p} = k\vec{q}$ (k は任意実数) のとき成り立つ．

◇ **参 考**

本問は，コーシー・シュワルツの不等式の証明問題である．

第2章　実践力養成レベル

コーシー・シュワルツの不等式の一般形を次に示す.
$$(a_1{}^2 + a_2{}^2 + \cdots + a_n{}^2)(x_1{}^2 + x_2{}^2 + \cdots + x_n{}^2) \geqq (a_1 x_1 + a_2 x_2 + \cdots + a_n x_n)^2$$
等号は, $\dfrac{x_1}{a_1} = \dfrac{x_2}{a_2} = \cdots = \dfrac{x_n}{a_n}$ のとき成り立つ.

また, この不等式は, $\displaystyle\int_a^b \{f(x)\}^2\,dx \int_a^b \{g(x)\}^2\,dx \geqq \left\{\int_a^b f(x)g(x)\,dx\right\}^2$ とも表せる. 等号は, $f(x) = kg(x)$ (k は定数) のとき成り立つ.

3 $\quad 1 + \cos 2A + \cos 2B + \cos 2C = 0 \qquad \cdots(1)$

和積公式より
$$\cos 2A + \cos 2B = 2\cos\frac{2A+2B}{2}\cos\frac{2A-2B}{2}$$
$$= 2\cos(A+B)\cos(A-B)$$

$A + B + C = 180°$ より
$$\cos(A+B) = \cos(180° - C) = -\cos C \qquad \cdots(2)$$

であるから,
$$\cos 2A + \cos 2B = -2\cos C \cos(A-B)$$

これと $\cos 2C = 2\cos^2 C - 1$ を式 (1) に代入して,
$$-2\cos C\cos(A-B) + 2\cos^2 C = 0$$
$$2\cos C\{\cos(A-B) - \cos C\} = 0 \qquad \cdots(3)$$

再び式 (2) および和積公式を用いて,
$$\cos(A-B) - \cos C = \cos(A-B) + \cos(A+B)$$
$$= 2\cos\frac{A+B+A-B}{2}\cos\frac{A+B-(A-B)}{2}$$
$$= 2\cos A\cos B$$

であるから, 式 (3) は
$$4\cos A\cos B\cos C = 0$$

これより
$$\cos A = 0 \quad \text{または} \quad \cos B = 0 \quad \text{または} \quad \cos C = 0$$

すなわち, △ABC において, A, B, C のいずれかが $90°$ であることがわかる. よって, △ABC は直角三角形である.

(答) <u>直角三角形</u>

練習問題解答・解説

4 $\vec{a}\cdot\vec{b}=\vec{b}\cdot\vec{c}=\vec{c}\cdot\vec{a}=k$ （k は実数）とおく．$\vec{a}=-\vec{b}-\vec{c}$ より

$$|\vec{a}|^2=\vec{a}\cdot(-\vec{b}-\vec{c})=-2k$$

これから，$k<0$ がわかる．同様に，

$$|\vec{b}|^2=\vec{b}\cdot(-\vec{c}-\vec{a})=-2k$$
$$|\vec{c}|^2=\vec{c}\cdot(-\vec{a}-\vec{b})=-2k$$

これらを用いて，

$$|\vec{a}-\vec{b}|^2=|\vec{a}|^2-2\vec{a}\cdot\vec{b}+|\vec{b}|^2=-6k$$
$$|\vec{b}-\vec{c}|^2=|\vec{b}|^2-2\vec{b}\cdot\vec{c}+|\vec{c}|^2=-6k$$

すなわち，

$$|\vec{a}-\vec{b}|=|\vec{b}-\vec{c}|=\sqrt{-6k} \qquad \cdots(1)$$

および，

$$(\vec{a}-\vec{b})\cdot(\vec{b}-\vec{c})=\vec{a}\cdot\vec{b}-\vec{a}\cdot\vec{c}-|\vec{b}|^2+\vec{b}\cdot\vec{c}=3k \qquad \cdots(2)$$

であることがわかる．式 (1), (2) より，

$$\cos\theta=\frac{(\vec{a}-\vec{b})\cdot(\vec{b}-\vec{c})}{|\vec{a}-\vec{b}||\vec{b}-\vec{c}|}=\frac{3k}{\sqrt{-6k}\sqrt{-6k}}=\frac{3k}{-6k}=-\frac{1}{2}$$

よって，$0°\leqq\theta\leqq 180°$ より $\theta=120°$ を得る．

(答) $\theta=120°$

◇ 参 考

問題内容を図 k.6 に示す．この図からも正解を確認できる．

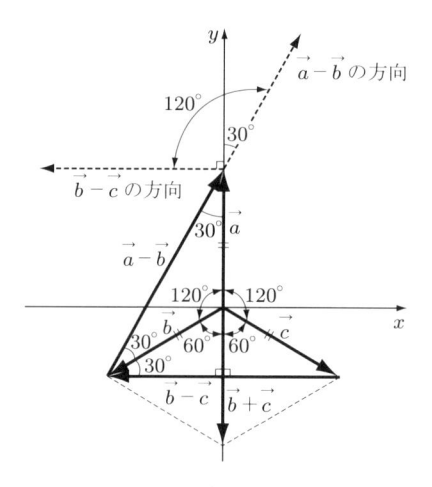

図 k.6 問題内容のイメージ

第2章 実践力養成レベル

5 (1) $\mathrm{tr}(A) = a + d$, $\mathrm{tr}(B) = p + s$ である.

$$A + B = \begin{pmatrix} a & b \\ c & d \end{pmatrix} + \begin{pmatrix} p & q \\ r & s \end{pmatrix} = \begin{pmatrix} a+p & b+q \\ c+r & d+s \end{pmatrix}$$

より,

$$\begin{aligned}\mathrm{tr}(A+B) &= (a+p) + (d+s) \\ &= (a+d) + (p+s) \\ &= \mathrm{tr}(A) + \mathrm{tr}(B)\end{aligned}$$

よって, $\mathrm{tr}(A+B) = \mathrm{tr}(A) + \mathrm{tr}(B)$ が成り立つ.

(2) $AB = \begin{pmatrix} a & b \\ c & d \end{pmatrix}\begin{pmatrix} p & q \\ r & s \end{pmatrix} = \begin{pmatrix} ap+br & aq+bs \\ cp+dr & cq+ds \end{pmatrix}$

より,

$$\mathrm{tr}(AB) = (ap+br) + (cq+ds) = ap + br + cq + ds \qquad \cdots(1)$$

また,

$$BA = \begin{pmatrix} p & q \\ r & s \end{pmatrix}\begin{pmatrix} a & b \\ c & d \end{pmatrix} = \begin{pmatrix} ap+cq & bp+dq \\ ar+cs & br+ds \end{pmatrix}$$

より,

$$\mathrm{tr}(BA) = (ap+cq) + (br+ds) = ap + br + cq + ds \qquad \cdots(2)$$

式 (1), (2) より $\mathrm{tr}(AB) = \mathrm{tr}(BA)$ が成り立つ.

(3) (2) より,

$$\begin{aligned}\det(AB) &= (ap+br)(cq+ds) - (aq+bs)(cp+dr) \\ &= adps + bcqr - adqr - bcps \\ &= ad(ps-qr) + bc(qr-ps) \\ &= (ad-bc)(ps-qr)\end{aligned}$$

同様に,

$$\begin{aligned}\det(BA) &= (ap+cq)(br+ds) - (bp+dq)(ar+cs) \\ &= adps + bcqr - bcps - adqr \\ &= ad(ps-qr) + bc(qr-ps) \\ &= (ad-bc)(ps-qr)\end{aligned}$$

よって, いずれも

$$\det(A) \cdot \det(B) = (ad-bc)(ps-qr)$$

に等しい. すなわち, $\det(AB) = \det(BA) = \det(A) \cdot \det(B)$ が成り立つ.

練習問題解答・解説

◇ 参 考 ─────────────────────────────────

2次正方行列 $A = \begin{pmatrix} a & b \\ c & d \end{pmatrix}$ に対して，ケーリー・ハミルトンの定理は，$A^2 - \mathrm{tr}(A)A + \det(A)E = O$ と表すことができる．

6 正の整数 n について

$$\left(\frac{1+\sqrt{5}}{2}\right)^n = \frac{L_n + F_n\sqrt{5}}{2} \qquad \cdots (1)$$

が成り立つことを数学的帰納法で示す．

（ⅰ）$n=1$ のとき，$F_1 = L_1 = 1$ より式 (1) が成立する．

（ⅱ）$n=2$ のとき，$F_2 = 1$，$L_2 = 3$ より

$$\frac{L_2 + F_2\sqrt{5}}{2} = \frac{3+\sqrt{5}}{2} = \left(\frac{1+\sqrt{5}}{2}\right)^2$$

よって，式 (1) が成立する．

（ⅲ）$n \leqq k$（ただし $k \geqq 2$）のとき，式 (1) が成立すると仮定する．

$$\frac{1+\sqrt{5}}{2} = 1 + \frac{\sqrt{5}-1}{2} = 1 + \frac{2}{1+\sqrt{5}}$$

に注意して，$n = k+1$ のとき

$$\left(\frac{1+\sqrt{5}}{2}\right)^{k+1} = \left(1 + \frac{2}{1+\sqrt{5}}\right)\left(\frac{1+\sqrt{5}}{2}\right)^k = \left(\frac{1+\sqrt{5}}{2}\right)^k + \left(\frac{1+\sqrt{5}}{2}\right)^{k-1}$$

$$= \frac{L_k + F_k\sqrt{5}}{2} + \frac{L_{k-1} + F_{k-1}\sqrt{5}}{2}$$

$$= \frac{(L_k + L_{k-1}) + (F_k + F_{k-1})\sqrt{5}}{2} = \frac{L_{k+1} + F_{k+1}\sqrt{5}}{2}$$

よって，式 (1) が成立する．

（ⅰ）～（ⅲ）より，すべての正の整数 n に対して式 (1) が成り立つことが示された．

◇ 参 考 ─────────────────────────────────

フィボナッチ数 F_n とリュカ数 L_n の第10項までの値を示す．

n	1	2	3	4	5	6	7	8	9	10	$\cdots$
F_n	1	1	2	3	5	8	13	21	34	55	$\cdots$
L_n	1	3	4	7	11	18	29	47	76	123	$\cdots$

第 2 章　実践力養成レベル

F_n と L_n はほかに，$L_n = F_{n-1} + F_{n+1}$，$F_n = \dfrac{L_{n-1} + L_{n+1}}{5}$ という性質がある．

　リュカ数（Lucas number）とは，フランスの数学者エドゥアール・リュカにちなんで名付けられた数である．問題文でも触れているように，フィボナッチ数と同様リュカ数も，隣接する 2 項の比 $\dfrac{L_{n+1}}{L_n}$ は，n が大きくなるにつれて黄金比 $\dfrac{1+\sqrt{5}}{2}$（$= 1.61803398\cdots$）に近づく．

7 (1) $I_{n+2} = \displaystyle\int_0^{\frac{\pi}{2}} \sin^{n+2} x\, dx = \int_0^{\frac{\pi}{2}} \sin x \cdot \sin^{n+1} x\, dx$

$\quad = \Big[-\cos x \cdot \sin^{n+1} x\Big]_0^{\frac{\pi}{2}} - \displaystyle\int_0^{\frac{\pi}{2}} (-\cos x) \cdot (n+1)\sin^n x \cdot \cos x\, dx$

$\quad = (n+1)\displaystyle\int_0^{\frac{\pi}{2}} \cos^2 x \cdot \sin^n x\, dx = (n+1)\int_0^{\frac{\pi}{2}} (1-\sin^2 x)\cdot \sin^n x\, dx$

$\quad = (n+1)\displaystyle\int_0^{\frac{\pi}{2}} \sin^n x\, dx - (n+1)\int_0^{\frac{\pi}{2}} \sin^{n+2} x\, dx = (n+1)I_n - (n+1)I_{n+2}$

よって，

$$(n+2)I_{n+2} = (n+1)I_n \quad\text{すなわち}\quad I_{n+2} = \dfrac{n+1}{n+2} I_n$$

（答）$I_{n+2} = \dfrac{n+1}{n+2} I_n$

(2) $I_{2011} = \dfrac{2010}{2011} I_{2009} = \dfrac{2010}{2011} \times \dfrac{2008}{2009} I_{2007} = \dfrac{2010}{2011} \times \dfrac{2008}{2009} \times \dfrac{2006}{2007} I_{2005} = \cdots$

$\quad = \dfrac{2010}{2011} \times \dfrac{2008}{2009} \times \dfrac{2006}{2007} \times \cdots \times \dfrac{4}{5} \times \dfrac{2}{3} I_1$

$I_{2010} = \dfrac{2009}{2010} I_{2008} = \dfrac{2009}{2010} \times \dfrac{2007}{2008} I_{2006} = \dfrac{2009}{2010} \times \dfrac{2007}{2008} \times \dfrac{2005}{2006} I_{2004} = \cdots$

$\quad = \dfrac{2009}{2010} \times \dfrac{2007}{2008} \times \dfrac{2005}{2006} \times \cdots \times \dfrac{3}{4} \times \dfrac{1}{2} I_0$

さらに，$I_1 = \displaystyle\int_0^{\frac{\pi}{2}} \sin x\, dx = \Big[-\cos x\Big]_0^{\frac{\pi}{2}} = 1$ より，

$I_{2011} I_{2010} = \dfrac{2010}{2011} \times \dfrac{2008}{2009} \times \dfrac{2006}{2007} \times \cdots \times \dfrac{4}{5} \times \dfrac{2}{3} I_1$

$\qquad\qquad \times \dfrac{2009}{2010} \times \dfrac{2007}{2008} \times \dfrac{2005}{2006} \times \cdots \times \dfrac{3}{4} \times \dfrac{1}{2} I_0$

$\qquad = \dfrac{2010!}{2011!} I_0 = \dfrac{I_0}{2011}$

以上から，

練習問題解答・解説

$$\frac{I_0}{I_{2011} I_{2010}} = \frac{I_0}{\frac{1}{2011} I_0} = 2011$$

(答) 2011

◇ 参 考（ウォリスの公式）

$I_n = \int_0^{\frac{\pi}{2}} \sin^n x \, dx$ は，$I_n = \frac{n-1}{n} I_{n-2}$ を満たし，

$n = 2m$（偶数）のとき，

$$I_{2m} = \int_0^{\frac{\pi}{2}} \sin^{2m} x \, dx = \frac{2m-1}{2m} \cdot \frac{2m-3}{2m-2} \cdot \cdots \cdot \frac{3}{4} \cdot \frac{1}{2} \cdot \frac{\pi}{2} \quad \cdots (1)$$

$n = 2m+1$（奇数）のとき，

$$I_{2m+1} = \int_0^{\frac{\pi}{2}} \sin^{2m+1} x \, dx = \frac{2m}{2m+1} \cdot \frac{2m-2}{2m-1} \cdot \cdots \cdot \frac{4}{5} \cdot \frac{2}{3} \cdot 1 \quad \cdots (2)$$

となる．よって，

$$\frac{I_{2m}}{I_{2m+1}} = \frac{(2m+1)(2m-1)}{(2m)^2} \cdot \frac{(2m-1)(2m-3)}{(2m-2)^2} \cdot \cdots \cdot \frac{5 \cdot 3}{4^2} \cdot \frac{3 \cdot 1}{2^2} \cdot \frac{\pi}{2}$$

ここで，$m \to \infty$ のとき，$\frac{I_{2m}}{I_{2m+1}} \to 1$ が証明できるので，次の式が得られる．

$$\frac{\pi}{2} = \frac{2^2}{1 \cdot 3} \cdot \frac{4^2}{3 \cdot 5} \cdot \frac{6^2}{5 \cdot 7} \cdot \frac{8^2}{7 \cdot 9} \cdot \cdots = \prod_{k=1}^{\infty} \frac{(2k)^2}{(2k-1)(2k+1)} \quad \cdots (3)$$

式 (3) は，次のように変形することもできる．

$$\frac{2}{\pi} = \frac{1 \cdot 3}{2^2} \cdot \frac{3 \cdot 5}{4^2} \cdot \frac{5 \cdot 7}{6^2} \cdot \frac{7 \cdot 9}{8^2} \cdot \cdots = \left(1 - \frac{1}{2^2}\right)\left(1 - \frac{1}{4^2}\right)\left(1 - \frac{1}{6^2}\right) \cdots$$

$$= \prod_{k=1}^{\infty} \left(1 - \frac{1}{(2k)^2}\right)$$

式 (1)〜(3) をウォリス（Wallis）の公式という．

8 A，B，C が勝者になる確率をそれぞれ $P(A)$，$P(B)$，$P(C)$ とすると，

$$P(A) = \left(1 \times \frac{5}{6} \times \frac{5}{6}\right) \times \frac{1}{6} + \left(1 \times \frac{5}{6} \times \frac{5}{6}\right) \times \left(\frac{5}{6} \times \frac{5}{6} \times \frac{5}{6}\right) \times \frac{1}{6} + \cdots$$

$$= \sum_{k=0}^{\infty} \frac{25}{36} \times \left(\frac{125}{216}\right)^k \times \frac{1}{6} = \frac{25}{36} \times \frac{1}{6} \times \frac{1}{1 - \frac{125}{216}} = \frac{25}{91}$$

第2章　実践力養成レベル

$$P(\mathrm{B}) = 1 \times \frac{1}{6} + 1 \times \left(\frac{5}{6} \times \frac{5}{6} \times \frac{5}{6}\right) \times \frac{1}{6} + 1 \times \left(\frac{5}{6} \times \frac{5}{6} \times \frac{5}{6}\right)^2 \times \frac{1}{6} + \cdots$$

$$= \sum_{k=0}^{\infty} \left(\frac{125}{216}\right)^k \times \frac{1}{6} = \frac{1}{6} \times \frac{1}{1 - \dfrac{125}{216}} = \frac{36}{91}$$

$$P(\mathrm{C}) = \left(1 \times \frac{5}{6}\right) \times \frac{1}{6} + \left(1 \times \frac{5}{6}\right) \times \left(\frac{5}{6} \times \frac{5}{6} \times \frac{5}{6}\right) \times \frac{1}{6}$$

$$+ \left(1 \times \frac{5}{6}\right) \times \left(\frac{5}{6} \times \frac{5}{6} \times \frac{5}{6}\right)^2 \times \frac{1}{6} + \cdots$$

$$= \sum_{k=0}^{\infty} \frac{5}{6} \times \left(\frac{125}{216}\right)^k \times \frac{1}{6} = \frac{5}{6} \times \frac{1}{6} \times \frac{1}{1 - \dfrac{125}{216}} = \frac{30}{91}$$

（答）A: $\dfrac{25}{91}$, B: $\dfrac{36}{91}$, C: $\dfrac{30}{91}$

◈解　説

前の人がある目を出したとき，次の人が確率 $\dfrac{1}{6}$ で同じ目を出せば勝者となり，確率 $\dfrac{5}{6}$ で異なる目を出せば，さらに次の人へ順番が回ることに注意する．

9 $\alpha = r(\cos\theta + i\sin\theta)$ とおくと，

$$\overline{\alpha} = r(\cos\theta - i\sin\theta), \quad \alpha + \overline{\alpha} = 2r\cos\theta$$

$$\alpha^2 = r^2(\cos^2\theta + 2i\cos\theta\sin\theta - \sin^2\theta), \quad \overline{\alpha}^2 = r^2(\cos^2\theta - 2i\cos\theta\sin\theta - \sin^2\theta)$$

$$(\alpha + \overline{\alpha})^2 = 4r^2\cos^2\theta, \quad |\alpha|^2 = r^2, \quad |\overline{\alpha}|^2 = r^2, \quad |\alpha + \overline{\alpha}|^2 = 4r^2\cos^2\theta$$

したがって，

$$f(\alpha) = \frac{|\alpha^2 + \overline{\alpha}^2 + (\alpha + \overline{\alpha})^2|}{|\alpha|^2 + |\overline{\alpha}|^2 + |\alpha + \overline{\alpha}|^2} = \frac{|2r^2\cos^2\theta - 2r^2\sin^2\theta + 4r^2\cos^2\theta|}{r^2 + r^2 + 4r^2\cos^2\theta}$$

$$= \frac{|r^2(6\cos^2\theta - 2\sin^2\theta)|}{2r^2 + 4r^2\cos^2\theta} = \frac{|8\cos^2\theta - 2|}{4\cos^2\theta + 2} = \frac{|4\cos^2\theta - 1|}{2\cos^2\theta + 1} \ (= g(\theta) \text{ とおく})$$

（ⅰ）$|\cos\theta| \geqq \dfrac{1}{2}$ のとき

$g(\theta) = \dfrac{4\cos^2\theta - 1}{2\cos^2\theta + 1} = 2 - \dfrac{3}{2\cos^2\theta + 1}$ は，$|\cos\theta| = \dfrac{1}{2}$ ($\theta = 60°, 120°, 240°, 300°$) で最小値

$$2 - \frac{3}{2\left(\dfrac{1}{2}\right)^2 + 1} = 0$$

をとる．

練習問題解答・解説

（ii）$|\cos\theta| \leq \dfrac{1}{2}$ のとき

$g(\theta) = \dfrac{1-4\cos^2\theta}{2\cos^2\theta+1} = \dfrac{3}{2\cos^2\theta+1} - 2$ は，$|\cos\theta| = \dfrac{1}{2}$（$\theta = 60°, 120°, 240°, 300°$）で最小値

$$\dfrac{3}{2\left(\dfrac{1}{2}\right)^2+1} - 2 = 0$$

をとる．

（答）$\arg\alpha = 60°, 120°, 240°, 300°$ のとき最小値 0

(2) (1) より，

（i）$|\cos\theta| \geq \dfrac{1}{2}$ のとき，$g(\theta) = 2 - \dfrac{3}{2\cos^2\theta+1}$ は $|\cos\theta| = 1$（$\theta = 0°, 180°$）で最大値

$$2 - \dfrac{3}{2\times 1^2+1} = 1$$

をとる．

（ii）$|\cos\theta| \leq \dfrac{1}{2}$ のとき，$g(\theta) = \dfrac{3}{2\cos^2\theta+1} - 2$ は $|\cos\theta| = 0$（$\theta = 90°, 270°$）で最大値

$$\dfrac{3}{2\times 0^2+1} - 2 = 1$$

をとる．

（答）$\arg\alpha = 0°, 90°, 180°, 270°$ のとき最大値 1

10 $p^s q^t$ は 3 けたの整数であるので，

$$p^s q^t < 1000$$

である．ここで，条件①より q は 3 以上の素数，条件②より t は 2 以上の整数であることから，$q^t \geq 3^2 = 9$ である．これより，$p^s < 111.11\cdots$ である．これらを満たす p^s は，

$$2^2 = 4,\ 2^3 = 8,\ 2^4 = 16,\ 2^5 = 32,\ 2^6 = 64,$$
$$3^2 = 9,\ 3^3 = 27,\ 3^4 = 81,\ 5^2 = 25,\ 7^2 = 49$$

のみである．

また，条件①より p は（2 以上の）素数，条件②より s は 2 以上の整数であることから，$p^s \geq 2^2 = 4$ である．これより，$q^t < 250$ である．これらを満たす q^t は，

$$3^2 = 9,\ 3^3 = 27,\ 3^4 = 81,\ 3^5 = 243,\ 5^2 = 25,$$
$$5^3 = 125,\ 7^2 = 49,\ 11^2 = 121,\ 13^2 = 169$$

のみである．

以上をもとに，条件①，②を同時に満たす $p^s q^t$ のうち，値が 3 けたの整数になるものを求めると，次のとおりである．

第3章　総仕上げレベル

$$2^2 \times 3^3 = 108,\ 2^2 \times 3^5 = 972,\ 2^2 \times 5^3 = 500,\ 2^3 \times 3^4 = 648,$$
$$2^3 \times 5^2 = 200,\ 2^3 \times 7^2 = 392,\ 2^3 \times 11^2 = 968,\ 2^4 \times 3^3 = 432,$$
$$2^5 \times 3^2 = 288,\ 2^5 \times 3^3 = 864,\ 2^5 \times 5^2 = 800,\ 3^3 \times 5^2 = 675$$

（答）108，200，288，392，432，500，648，675，800，864，968，972

第3章　総仕上げレベル

〈1次検定〉

1 (1) 7　(2) $\dfrac{2}{5}$

◆解　説

(1) $a^{\frac{1}{2}} + a^{-\frac{1}{2}} = 3$ の両辺を2乗して，

$$a + 2 + a^{-1} = 9$$
$$a + a^{-1} = 7$$

(2) (1)で求めた $a + a^{-1} = 7$ の両辺を2乗して，

$$a^2 + a^{-2} + 2 = 49$$
$$a^2 + a^{-2} = 47$$

また，$a^{\frac{1}{2}} + a^{-\frac{1}{2}} = 3$ の両辺を3乗して，

$$a^{\frac{3}{2}} + 3aa^{-\frac{1}{2}} + 3a^{\frac{1}{2}}a^{-1} + a^{-\frac{3}{2}} = 27$$
$$a^{\frac{3}{2}} + 3a^{\frac{1}{2}} + 3a^{-\frac{1}{2}} + a^{-\frac{3}{2}} = 27$$
$$a^{\frac{3}{2}} + a^{-\frac{3}{2}} = 27 - 3\left(a^{\frac{1}{2}} + a^{-\frac{1}{2}}\right) = 27 - 3 \times 3 = 18$$

よって，

$$\dfrac{a^{\frac{3}{2}} + a^{-\frac{3}{2}} + 2}{a^2 + a^{-2} + 3} = \dfrac{18 + 2}{47 + 3} = \dfrac{20}{50} = \dfrac{2}{5}$$

2 $\dfrac{n(n+1)(n-1)(n-2)}{24}$

◆解　説

$$\sum_{k=3}^{n} {}_k\mathrm{C}_3 = \sum_{k=3}^{n} \dfrac{k(k-1)(k-2)}{6}$$

練習問題解答・解説

$$6\sum_{k=3}^{n} {}_k\mathrm{C}_3 = \sum_{k=3}^{n} k(k-1)(k-2) = \sum_{k=3}^{n}(k^3-3k^2+2k)$$

$$= \sum_{k=1}^{n}(k^3-3k^2+2k) - \sum_{k=1}^{2}(k^3-3k^2+2k)$$

であり，これを $A-B$ とおく．ここで，

$$A = \sum_{k=1}^{n}(k^3-3k^2+2k) = \frac{n^2(n+1)^2}{4} - \frac{3n(n+1)(2n+1)}{6} + \frac{2n(n+1)}{2}$$

$$= \frac{n^2(n+1)^2 - 2n(n+1)(2n+1) + 4n(n+1)}{4}$$

$$= \frac{n(n+1)(n^2-3n+2)}{4} = \frac{n(n+1)(n-1)(n-2)}{4} \quad \cdots(1)$$

$B = \sum_{k=1}^{2}(k^3-3k^2+2k)$ は，式 (1) に $n=2$ を代入して，$B=0$ となる．よって，

$$\sum_{k=3}^{n} {}_k\mathrm{C}_3 = \frac{A}{6} = \frac{n(n+1)(n-1)(n-2)}{24}$$

3 23

◆ 解　説

初項を a，公差を d とすれば，$a_n = a+(n-1)d$ となる．
$a_1=a$, $a_2=a+d$, $a_3=a+2d$, $a_7=a+6d$ となって，$a_1 \neq a_2$ から

$$d \neq 0 \quad \cdots(1)$$

また，$4a_3 = a_7$ から

$$4(a+2d) = a+6d$$

すなわち，

$$d = -\frac{3}{2}a \quad \cdots(2)$$

式 (2) より，

$$4a_7 = 4(a+6d) = -32a$$

同様に，

$$a_n = a+(n-1)d = a+(n-1)\left(-\frac{3}{2}a\right) = \frac{5-3n}{2}a$$

第 3 章　総仕上げレベル

条件 $4a_7 = a_n$ から

$$-32a = \frac{5-3n}{2}a$$

$$\left(\frac{5-3n}{2} + 32\right)a = 0$$

$a = 0$ ならば，式 (2) から $d = 0$ となって式 (1) と矛盾するので不適．よって，$a \neq 0$ から

$$\frac{5-3n}{2} + 32 = 0$$

これを解いて，$n = 23$．これは，n は正の整数という条件を満たす．

4　$x^4 + 2x^3 + 11x^2 + 10x + 13 = 0$

❖ 解　説

$\omega^3 = 1$ より，

$$(\omega - 1)(\omega^2 + \omega + 1) = 0$$
$$\omega \neq 1 \quad \text{から} \quad \omega^2 + \omega + 1 = 0$$

これより，$\omega = \dfrac{-1 \pm \sqrt{3}\,i}{2}$ となる．よって，

$$x = \omega + 2i = \frac{-1 \pm \sqrt{3}\,i}{2} + 2i = -\frac{1}{2} + \frac{4 \pm \sqrt{3}}{2}i$$

$$x + \frac{1}{2} = \frac{4 \pm \sqrt{3}}{2}i$$

両辺を 2 乗して，

$$\left(x + \frac{1}{2}\right)^2 = \left(\frac{4 \pm \sqrt{3}}{2}i\right)^2$$

左辺 $= x^2 + x + \dfrac{1}{4}$，　右辺 $= \dfrac{16 \pm 8\sqrt{3} + 3}{4}i^2 = -\dfrac{19 \pm 8\sqrt{3}}{4} = -\dfrac{19}{4} \mp 2\sqrt{3}$

よって，$x^2 + x + 5 = \pm 2\sqrt{3}$ が得られる．さらに両辺を 2 乗して，

$$(x^2 + x + 5)^2 = 12$$

展開して，

$$x^4 + x^2 + 25 + 2x^3 + 10x + 10x^2 = 12$$

よって，

$$x^4 + 2x^3 + 11x^2 + 10x + 13 = 0$$

練習問題解答・解説

◇ 参 考

求めた4次方程式の次数が最小であることを確認する。$\omega = \dfrac{-1+\sqrt{3}i}{2}$ とする.

◎次数が1のとき

$x = \omega + 2i = \dfrac{-1+(4+\sqrt{3})i}{2}$, すなわち, $x - \dfrac{-1+(4+\sqrt{3})i}{2} = 0$ は複素数の係数をもつ.

◎次数が2のとき

2次方程式の解は $\alpha = \dfrac{-1+(4+\sqrt{3})i}{2}$, その共役複素数を $\beta = \dfrac{-1-(4+\sqrt{3})i}{2}$ とすると, $\alpha + \beta = -1$, $\alpha\beta = \dfrac{1+(4+\sqrt{3})^2}{4} = \dfrac{20+8\sqrt{3}}{4} = 5+2\sqrt{3}$ から

$$x^2 + x + (5+2\sqrt{3}) = 0$$

これは, 解説の中でも出ているが, 無理数の係数をもつ2次方程式となって整数係数の2次方程式にはならない.

◎次数が3のとき

3次方程式の3つの解を $\alpha = \dfrac{-1+(4+\sqrt{3})i}{2}$, $\beta = \dfrac{-1-(4+\sqrt{3})i}{2}$, γ（実数）とすると, 次の式が成り立つ.

- $\alpha + \beta + \gamma = -1 + \gamma$ （$= l$ とおく）
- $\alpha\beta + \beta\gamma + \gamma\alpha = 5 + 2\sqrt{3} + \gamma(\alpha+\beta) = 5 + 2\sqrt{3} - \gamma$ （$= m$ とおく）
- $\alpha\beta\gamma = (5+2\sqrt{3})\gamma$ （$= n$ とおく）

このとき, 3次方程式 $x^3 - lx^2 + mx - n = 0$ の係数を吟味してみる.

（ⅰ）γ が有理数のとき

係数 m と n は無理数となる.

（ⅱ）γ が無理数のとき

係数 l は無理数となる.

よって, 次数が1, 2, 3 いずれの場合も整数係数の3次方程式にはならないことがわかる.

5 P$(-1, 0, 1)$

◈ 解 説

まずは, 3点 A, B, C を通る平面の方程式を求める. 平面の方程式の一般形は,

$$ax + by + cz + d = 0 \quad (法線ベクトル \vec{n} = (a, b, c)) \quad \cdots(1)$$

A$(0, 1, 2)$ を通るので,

$$b + 2c + d = 0 \quad \cdots(2)$$

第3章 総仕上げレベル

B$(-2, -1, 0)$ を通るので,
$$-2a - b + d = 0 \qquad \cdots(3)$$
C$(1, 0, 3)$ を通るので,
$$a + 3c + d = 0 \qquad \cdots(4)$$
式 (2)～(4) から, a, b, c, d の値は定まらないが, 比 $a:b:c:d$ は求められる. 式 (2) から,
$$d = -b - 2c \qquad \cdots(2)'$$
式 (2)$'$ を式 (3) に代入して,
$$a + b + c = 0 \qquad \cdots(3)'$$
式 (2)$'$ を式 (4) に代入して,
$$a - b + c = 0 \qquad \cdots(4)'$$
式 (3)$'$ − 式 (4)$'$ から, $b = 0$. 式 (2)$'$ から, $d = -2c$. 式 (3)$'$ + 式 (4)$'$ から, $a + c = 0$, $c = -a$ となる. よって, $a:b:c:d = a:0:-a:-2(-a) = 1:0:-1:2$ が得られる. したがって, 平面の方程式は, 式 (1) から
$$x - z + 2 = 0 \quad (\text{法線ベクトル } \vec{n} = (1, 0, -1)) \qquad \cdots(5)$$
点 O から平面に下ろした垂線と平面との交点 P の座標を P(x_0, y_0, z_0) とすると, 式 (5) から
$$x_0 - z_0 + 2 = 0 \qquad \cdots(6)$$
また, $\overrightarrow{OP} = (x_0, y_0, z_0)$ は, 平面の法線ベクトルの方向に一致するので,
$$\overrightarrow{OP} = k\vec{n} \quad (k \text{ は実数}) \quad \text{すなわち} \quad x_0 = k, \ y_0 = 0, \ z_0 = -k$$
式 (6) から,
$$x_0 - z_0 + 2 = k + k + 2 = 0 \quad \text{すなわち} \quad 2k + 2 = 0$$
よって, $k = -1$ となる.

したがって, $x_0 = -1$, $y_0 = 0$, $z_0 = 1$ となって, P$(-1, 0, 1)$ が得られる.

・別解

交点 P の座標を (x_0, y_0, z_0) とすると, $\overrightarrow{OP} = (x_0, y_0, z_0)$. $\overrightarrow{OA} = (0, 1, 2)$, $\overrightarrow{OB} = (-2, -1, 0)$, $\overrightarrow{OC} = (1, 0, 3)$ より,
$$\overrightarrow{AB} = (-2, -2, -2), \quad \overrightarrow{AC} = (1, -1, 1)$$
$\overrightarrow{OP} \perp \overrightarrow{AB}$, $\overrightarrow{OP} \perp \overrightarrow{AC}$ より,
$$\overrightarrow{OP} \cdot \overrightarrow{AB} = 0 \quad \Leftrightarrow \quad x_0 + y_0 + z_0 = 0 \qquad \cdots(7)$$

$$\overrightarrow{\mathrm{OP}} \cdot \overrightarrow{\mathrm{AC}} = 0 \quad \Leftrightarrow \quad x_0 - y_0 + z_0 = 0 \qquad \cdots(8)$$

さらに，$\overrightarrow{\mathrm{AP}} = s\overrightarrow{\mathrm{AB}} + t\overrightarrow{\mathrm{AC}}$（$s$, t は実数）から，

$$(x_0, y_0 - 1, z_0 - 2) = s(-2, -2, -2) + t(1, -1, 1)$$

すなわち，

$$x_0 = -2s + t \qquad \cdots(9)$$
$$y_0 - 1 = -2s - t \qquad \cdots(10)$$
$$z_0 - 2 = -2s + t \qquad \cdots(11)$$

式 (7), (8) から，

$$x_0 + z_0 = 0 \qquad \cdots(12)$$

式 (9), (11) から，

$$x_0 - z_0 = -2 \qquad \cdots(13)$$

式 (12), (13) から，

$$x_0 = -1, \quad z_0 = 1$$

式 (7) に代入して，$y_0 = 0$

よって，交点 P$(-1, 0, 1)$ が得られる．なお，実数 s, t も $s = \dfrac{1}{2}$, $t = 0$ と求められ，$\overrightarrow{\mathrm{AP}} = \dfrac{1}{2}\overrightarrow{\mathrm{AB}}$ となる．

◇ 参 考

① 点 A(x_1, y_1, z_1) を通って，$\vec{n} = (a, b, c)$ に垂直な平面の方程式の一般形を求める．図 k.7 から，$\overrightarrow{\mathrm{AP}} = (x - x_1, y - y_1, z - z_1)$ は $\vec{n} = (a, b, c)$ と直交するので，

$$\overrightarrow{\mathrm{AP}} \cdot \vec{n} = 0$$
$$a(x - x_1) + b(y - y_1) + c(z - z_1) = 0$$

変形して，

$$ax + by + cz - (ax_1 + by_1 + cz_1) = 0$$

一般形は，

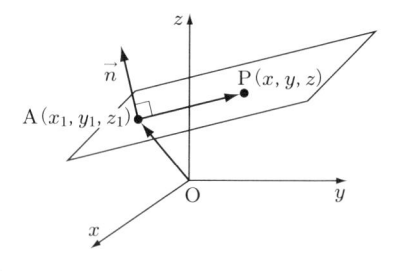

$$ax + by + cz + d = 0 \quad \text{(法線ベクトル } \vec{n} = (a, b, c)\text{)}$$

図 k.7　ベクトルに垂直な平面

② 点 (x_1, y_1, z_1) と平面 $ax + by + cz + d = 0$ との距離 d は，

第3章　総仕上げレベル

$$d = \frac{|ax_1 + by_1 + cz_1 + d|}{\sqrt{a^2 + b^2 + c^2}}$$

とくに，原点との距離は

$$\frac{|d|}{\sqrt{a^2 + b^2 + c^2}}$$

となる．

本問では，平面の方程式は $x - z + 2 = 0$ で，原点との距離は $\dfrac{|2|}{\sqrt{1^2 + 1^2}} = \sqrt{2}$ となる．これは，$P(-1, 0, 1)$ より，$OP = \sqrt{2}$ に一致する．

6 $\log_e 2$

◈ 解　説

$f(x) = 2^x$ のとき，

$$\lim_{x \to 0} \frac{2^x - 1}{x} = \lim_{x \to 0} \frac{f(x) - f(0)}{x - 0} = f'(0)$$

$\log_e f(x) = x \log_e 2$ から

$$\frac{f'(x)}{f(x)} = \log_e 2$$

よって，$f'(x) = 2^x \log_e 2$ から，$f'(0) = \log_e 2$

・別 解 1

公式として，

$$\lim_{x \to 0} \frac{a^x - 1}{x} = \log_e a \qquad \cdots(1)$$

を覚えていれば，$a = 2$ を代入してすぐに解答が得られる．

◇ 参　考

公式 (1) の導出を説明する．定義から

$$\lim_{x \to 0} (1 + x)^{\frac{1}{x}} = e \qquad \cdots(2)$$

式 (2) で a を底とする対数をとれば，

$$\lim_{x \to 0} \frac{\log_a (1 + x)}{x} = \log_a e \qquad \cdots(3)$$

式 (2) で e を底とする対数をとれば，

$$\lim_{x\to 0}\frac{\log_e(1+x)}{x}=1 \qquad \cdots(4)$$

式(3)で $\log_a(1+x)=y$ とおけば，$x=a^y-1$ より，

$$\lim_{y\to 0}\frac{y}{a^y-1}=\log_a e\ \left(=\frac{1}{\log_e a}\right)$$

分子と分母を入れ換えて

$$\lim_{y\to 0}\frac{a^y-1}{y}=\log_e a$$

y を x に替えて

$$\lim_{x\to 0}\frac{a^x-1}{x}=\log_e a \qquad \cdots(5)\ (=(1))$$

すなわち，式(1)が得られる．式(5)で a を e に置き換えれば，

$$\lim_{x\to 0}\frac{e^x-1}{x}=1 \qquad \cdots(6)$$

一連の公式(3)〜(6)は単に覚えるだけでなく，実際に導出できるようにすること．

別解 2

$\lim_{x\to 0}\dfrac{2^x-1}{x}$ で，分子，分母とも 0 に近づくので，ロピタルの定理から

$$\lim_{x\to 0}\frac{2^x-1}{x}=\lim_{x\to 0}\frac{(2^x-1)'}{x'}=\lim_{x\to 0}\frac{2^x\log_e 2}{1}=\log_e 2$$

としても求められる．

7 (1) $k=2$ (2) $l=2,4$

◎解説

(1) $A=\begin{pmatrix}1 & k\\ 2 & 4\end{pmatrix}$, $X=\begin{pmatrix}x\\ y\end{pmatrix}$, $B=\begin{pmatrix}1\\ 3\end{pmatrix}$ として，

$$AX=B \qquad \cdots(1)$$

式(1)が（ただ1組の）解をもたない場合は，行列式 $\Delta=4-2k=0$ から

$$k=2$$

実際に，$k=2$ では，$\begin{cases}x+2y=1\\ 2x+4y=3\end{cases}$ となって，解は不能となる．

第3章　総仕上げレベル

(2) $A = \begin{pmatrix} 1-l & 1 \\ -3 & 5-l \end{pmatrix}$, $X = \begin{pmatrix} x \\ y \end{pmatrix}$, $O = \begin{pmatrix} 0 \\ 0 \end{pmatrix}$ として,

$$AX = O \qquad \cdots (2)$$

式 (2) が $x = y = 0$ 以外の解をもつには, $\Delta = (1-l)(5-l) + 3 = l^2 - 6l + 8 = (l-2)(l-4) = 0$ から

$$l = 2, 4$$

実際に, $l = 2, 4$ では, 連立方程式の解は不定となる.

◎ $l = 2$ では, $y = x$, すなわち $x = t$, $y = t$ （t は任意）
◎ $l = 4$ では, $y = 3x$, すなわち $x = s$, $y = 3s$ （s は任意）

◇ 参　考

連立方程式が解をもつ（ただ一組, もしくは不定）かもたない（不能）かを吟味するには, 係数行列 A, A に B を含めた拡大係数行列の階数（ランク）を調べる方法がある. これは, 「数学検定」1 級の範囲である線形代数学の重要な概念である.

8 (1) $a = -4$, $b = 3$　　(2) $x = -1 \pm \sqrt{2}\,i$　（i: 虚数単位）

◈ 解　説

実数係数 4 次方程式 $x^4 + ax + b = 0$ で解は実数, 虚数を含め 4 個の解がある. もし, 虚数解 $a + bi$ $(b \neq 0)$ があれば, その共役な複素数 $a - bi$ も解になる. よって, $x^4 + ax + b = 0$ の実数解が $x = 1$ のみであるとは, 4 個の解に関して次の 2 つの場合が考えられる.

（ⅰ）実数のみ 4 個の解
（ⅱ）実数, 実数, 虚数 $(a + bi)$, 虚数 $(a - bi)$ の 4 個の解

以下, この 2 つの場合をそれぞれ吟味する.
（ⅰ）$x = 1$ が 4 重根の場合

$$(x-1)^4 = 0$$

展開して, $x^4 - 4x^3 + 6x^2 - 4x + 1 = 0$
問題文では, $x^4 + ax + b = 0$ なので, この場合は不適.
（ⅱ）$x = 1$ が 2 重根の場合
$x^4 + ax + b$ が, $(x-1)^2 (= x^2 - 2x + 1)$ の因数をもつので, $f(x) = x^4 + ax + b$ とおいて, $f(1) = 0$, $f'(1) = 0$ より

$$1 + a + b = 0, \quad 4 + a = 0$$

よって, $a = -4$, $b = 3$ と求められる.
　(2) $a = -4$, $b = 3$ から

$$x^4 - 4x + 3 = 0$$
$$(x-1)^2(x^2 + 2x + 3) = 0$$

$x^2 + 2x + 3 = 0$ から，虚数解 $x = -1 \pm \sqrt{2}\,i$ をもつ．

〈2 次検定〉

1 (1) $\widehat{\mathrm{PA}} = r\theta$ $\cdots$(1)

と表される．一方，

$$\mathrm{PQ} = 2\mathrm{PH} = 2r\sin\theta$$
$$\mathrm{HA}^2 = (\mathrm{OA} - \mathrm{OH})^2 = (r - r\cos\theta)^2$$

したがって，

$$\widehat{\mathrm{PA}} \fallingdotseq \frac{1}{2}\left(\mathrm{PQ} + \frac{\mathrm{HA}^2}{r}\right) = \frac{1}{2}\left\{2r\sin\theta + \frac{(r - r\cos\theta)^2}{r}\right\}$$
$$= r\left\{\sin\theta + \frac{1}{2}(1 - \cos\theta)^2\right\} \qquad \cdots(2)$$

式 (1)，(2) より

$$\theta = \sin\theta + \frac{1}{2}(1 - \cos\theta)^2$$

したがって，

$$f(\theta) = \sin\theta + \frac{1}{2}(1 - \cos\theta)^2$$

（答）$\underline{f(\theta) = \sin\theta + \dfrac{1}{2}(1 - \cos\theta)^2}$

(2) $g(\theta) = \theta - f(\theta)$ とおくと，

$$g(\theta) = \theta - \sin\theta - \frac{1}{2}(1 - \cos\theta)^2$$
$$g'(\theta) = 1 - \cos\theta - (1 - \cos\theta)\sin\theta = (1 - \cos\theta)(1 - \sin\theta)$$

$-1 \leqq \sin\theta \leqq 1$，$-1 \leqq \cos\theta \leqq 1$ より，$g'(\theta) \geqq 0$．$0 < \theta < \dfrac{\pi}{2}$ では，$g'(\theta) > 0$ となる．また，$g(0) = 0 - 0 - \dfrac{1}{2}(1-1)^2 = 0$ である．したがって，$g(\theta) > 0$，すなわち，$\theta > f(\theta)$ である．

(3) $0 < \theta \leqq \dfrac{\pi}{3}$ のとき，(2) より $g(\theta)$ は $\theta = \dfrac{\pi}{3}$ で最大値をとる．そのとき，

第3章 総仕上げレベル

$$g\left(\frac{\pi}{3}\right) = \frac{\pi}{3} - \frac{\sqrt{3}}{2} - \frac{1}{2}\left(1 - \frac{1}{2}\right)^2 = \frac{\pi}{3} - \frac{\sqrt{3}}{2} - \frac{1}{8}$$

真の値は $\frac{\pi}{3}$ だから,誤差は $\dfrac{\frac{\pi}{3} - \frac{\sqrt{3}}{2} - \frac{1}{8}}{\frac{\pi}{3}} = 0.0536\cdots \fallingdotseq 0.05$

(答) 5%

解 説

θ と $f(\theta)$,また $g(\theta)$ のグラフを図 k.8 に示す.θ が小さい範囲では,θ は $f(\theta)$ でかなり精度よく近似できることがわかる.

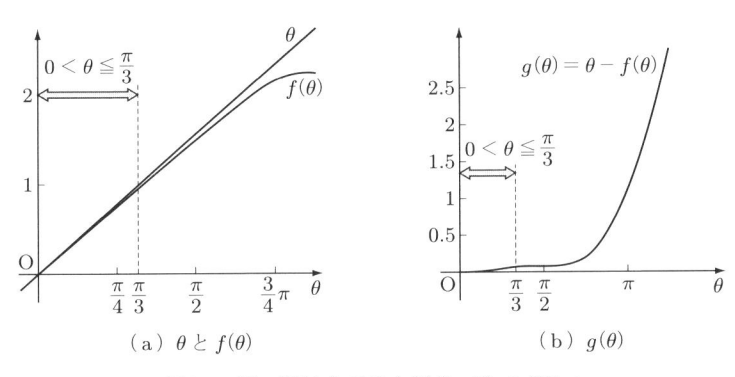

(a) θ と $f(\theta)$ (b) $g(\theta)$

図 k.8 弧の近似式 $f(\theta)$ と誤差 $g(\theta)$ のグラフ

2 $(\sqrt{10}+3)(\sqrt{10}-3) = 10 - 9 = 1$ より

$$(\sqrt{10}+3)^n (\sqrt{10}-3)^n = 1 \qquad \cdots(1)$$

である.

$$(\sqrt{10}+3)^n = \sum_{r=0}^{n} {}_n\mathrm{C}_r (\sqrt{10})^{n-r} \cdot 3^r, \quad (\sqrt{10}-3)^n = \sum_{r=0}^{n} {}_n\mathrm{C}_r (\sqrt{10})^{n-r} \cdot (-3)^r$$

これらは,$n-r$ が偶数の項は整数,奇数の項は整数と $\sqrt{10}$ との積になるから,a_n,b_n を正の整数として

$$(\sqrt{10}+3)^n = a_n + b_n\sqrt{10}, \quad (\sqrt{10}-3)^n = \pm a_n \mp b_n \sqrt{10} \quad (\text{複号同順})$$

と表すことができる.これらを式 (1) に代入して,

$$(a_n + b_n\sqrt{10})(\pm a_n \mp b_n\sqrt{10}) = 1 \quad \text{すなわち} \quad \pm a_n{}^2 \mp 10 b_n{}^2 = 1$$

したがって,$a_n{}^2 - 10 b_n{}^2 = 1$ のとき

$$a_n - b_n\sqrt{10} = \sqrt{a_n{}^2} - \sqrt{10 b_n{}^2} = \sqrt{10 b_n{}^2 + 1} - \sqrt{10 b_n{}^2}$$

練習問題解答・解説

$10b_n{}^2 = m$ とおくことにより，
$$(\sqrt{10}-3)^n = \sqrt{m+1} - \sqrt{m}$$
と表すことができる．また，$-a_n{}^2 + 10b_n{}^2 = 1$ のとき
$$-a_n + b_n\sqrt{10} = -\sqrt{a_n{}^2} + \sqrt{10b_n{}^2} = -\sqrt{a_n{}^2} + \sqrt{a_n{}^2+1}$$
$a_n{}^2 = m$ とおくことにより，
$$(\sqrt{10}-3)^n = \sqrt{m+1} - \sqrt{m}$$
と表すことができる．

別 解

数学的帰納法で証明する．

[1] $n = 1, 2$ のとき
$$(\sqrt{10}-3)^1 = \sqrt{10} - 3 = \sqrt{10} - \sqrt{9}$$
$$(\sqrt{10}-3)^2 = 19 - 6\sqrt{10} = \sqrt{361} - \sqrt{360}$$
したがって，$\sqrt{m+1} - \sqrt{m}$ の形で表される．

[2] $n = k$ のとき，正の整数 m に対して
$$(\sqrt{10}-3)^k = \sqrt{m+1} - \sqrt{m} \qquad \cdots(2)$$
と表されると仮定する．ここで，$(\sqrt{10}-3)^k = \sum_{j=0}^{j} {}_k\mathrm{C}_j (\sqrt{10})^{k-j} \cdot (-3)^j$ より，$k-j$ が偶数もしくは奇数の項を考えると，a_k, b_k を正の整数として，
$$(\sqrt{10}-3)^k = \pm a_k \mp b_k\sqrt{10} = \pm\sqrt{a_k{}^2} \mp \sqrt{10b_k{}^2} \qquad (複号同順)$$
と表すことができる．式(2)より，$a_k{}^2 = m+1$（このとき $10b_k{}^2 = m$），または $a_k{}^2 = m$（このとき $10b_k{}^2 = m+1$）の場合が考えられる．

（ⅰ）$a_k{}^2 = m+1$ $(10b_k{}^2 = m)$ のとき
$$(\sqrt{10}-3)^k = a_k - b_k\sqrt{10} \quad (=\sqrt{m+1} - \sqrt{m})$$
$$10b_k{}^2 = m = a_k{}^2 - 1 \qquad \cdots(3)$$
$n = k+1$ のとき
$$(\sqrt{10}-3)^{k+1} = (\sqrt{10}-3)(\sqrt{10}-3)^k = (\sqrt{10}-3)(a_k - b_k\sqrt{10})$$
$$= (a_k + 3b_k)\sqrt{10} - (3a_k + 10b_k)$$
$$= \sqrt{10(a_k+3b_k)^2} - \sqrt{(3a_k+10b_k)^2} \qquad \cdots(4)$$

第3章 総仕上げレベル

式 (4) で平方根内どうしの差をとると,

$$10(a_k + 3b_k)^2 - (3a_k + 10b_k)^2$$
$$= 10a_k{}^2 + 60a_k b_k + 90b_k{}^2 - 9a_k{}^2 - 60a_k b_k - 100b_k{}^2$$
$$= a_k{}^2 - 10b_k{}^2 = a_k{}^2 - (a_k{}^2 - 1) = 1 \quad (\because 式 (3))$$

よって, $10(a_k + 3b_k)^2 = r + 1$ とおくと, $(3a_k + 10b_k)^2 = r$ となって, 式 (4) は次のように表せる.

$$(\sqrt{10} - 3)^{k+1} = \sqrt{r+1} - \sqrt{r}$$

(ii) $a_k{}^2 = m \ (10b_k{}^2 = m + 1)$ のとき

$$(\sqrt{10} - 3)^k = b_k\sqrt{10} - a_k \quad (= \sqrt{m+1} - \sqrt{m})$$
$$10b_k{}^2 = m + 1 = a_k{}^2 + 1 \qquad \cdots(5)$$

$n = k + 1$ のとき

$$(\sqrt{10} - 3)^{k+1} = (\sqrt{10} - 3)(\sqrt{10} - 3)^k = (\sqrt{10} - 3)(b_k\sqrt{10} - a_k)$$
$$= -(a_k + 3b_k)\sqrt{10} + (3a_k + 10b_k)$$
$$= \sqrt{(3a_k + 10b_k)^2} - \sqrt{10(a_k + 3b_k)^2} \qquad \cdots(6)$$

式 (6) でも, 平方根内どうしの差をとると,

$$(3a_k + 10b_k)^2 - 10(a_k + 3b_k)^2$$
$$= 9a_k{}^2 + 60a_k b_k + 100b_k{}^2 - 10a_k{}^2 - 60a_k b_k - 90b_k{}^2$$
$$= 10b_k{}^2 - a_k{}^2 = a_k{}^2 + 1 - a_k{}^2 = 1 \quad (\because 式 (5))$$

よって, $(3a_k + 10b_k)^2 = r + 1$ とおくと, $10(a_k + 3b_k)^2 = r$ となって, 式 (6) は次のように表せる.

$$(\sqrt{10} - 3)^{k+1} = \sqrt{r+1} - \sqrt{r}$$

[1], [2] より, すべての n について

$$(\sqrt{10} - 3)^n = \sqrt{m+1} - \sqrt{m}$$

と表すことができる.

3

$$\begin{cases} y \geq \dfrac{1}{2}x & \cdots(1) \\ y \leq -x^2 + 3x - \dfrac{1}{4} & \cdots(2) \end{cases}$$

練習問題解答・解説

式 (2) より,$y \leqq -\left(x-\dfrac{3}{2}\right)^2 + 2$ である. 式 (1),(2) の表す領域 A は,図 k.9 の色を塗った部分になる.

領域 A の x 座標の範囲は

$$-x^2 + 3x - \dfrac{1}{4} = \dfrac{1}{2}x \quad \text{すなわち} \quad x = \dfrac{5 \pm \sqrt{21}}{4}$$

より,

$$\dfrac{5-\sqrt{21}}{4} \leqq x \leqq \dfrac{5+\sqrt{21}}{4} \qquad \cdots(3)$$

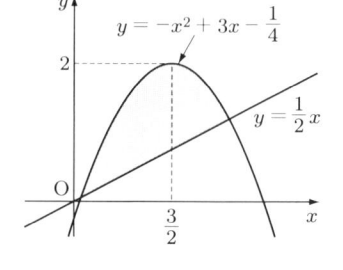

$x \neq 0$ より

$$\dfrac{x^2}{2x^2 - 2xy + y^2} = \dfrac{1}{2 - \dfrac{2y}{x} + \left(\dfrac{y}{x}\right)^2} \qquad \cdots(4)$$

図 k.9 領域 A

ここで,$\dfrac{y}{x} = t$ とおくと,式 (4) は

$$\dfrac{1}{t^2 - 2t + 2} = \dfrac{1}{(t-1)^2 + 1} \qquad \cdots(5)$$

したがって,$(t-1)^2 + 1\ (>0)$ が最小のとき,式 (5) の値は最大になり,$(t-1)^2 + 1$ が最大のとき,式 (5) の値は最小になる.

$\dfrac{y}{x} = t$ より,$y = tx$ が得られる.直線 $y = tx$ が,領域 A と共有点をもつような t の値の範囲を求める.図 k.9 より,t の最小値は $\dfrac{1}{2}$ である.

また,直線 $y = tx$ が,式 (3) の範囲で放物線 $y = -x^2 + 3x - \dfrac{1}{4}$ と接するとき,t は最大である.$-x^2 + 3x - \dfrac{1}{4} = tx$ より $x^2 + (t-3)x + \dfrac{1}{4} = 0$ であり,判別式を D とすると,

$$D = (t-3)^2 - 4 \times \dfrac{1}{4} = 0$$

これより,$t = 2, 4$ が得られる.
◎ $t = 2$ のとき

$$x^2 - x + \dfrac{1}{4} = 0, \quad x = \dfrac{1}{2}$$

◎ $t = 4$ のとき

$$x^2 + x + \dfrac{1}{4} = 0, \quad x = -\dfrac{1}{2}$$

式 (3) の範囲に含まれるのは $x = \dfrac{1}{2}$ で,t の最大値は 2 である.

第3章 総仕上げレベル

以上より，$\frac{1}{2} \leqq t \leqq 2$ であるから，式 (5) は $t = 1$ のとき最大値 1，$t = 2$ のとき最小値 $\frac{1}{2}$ をとる．

(答) 最大値 1，最小値 $\frac{1}{2}$

◇ 解 説

領域 A と $y = tx$ $\left(t = \frac{1}{2}, 2, 4\right)$ をグラフで示すと，図 k.10 のようになる．

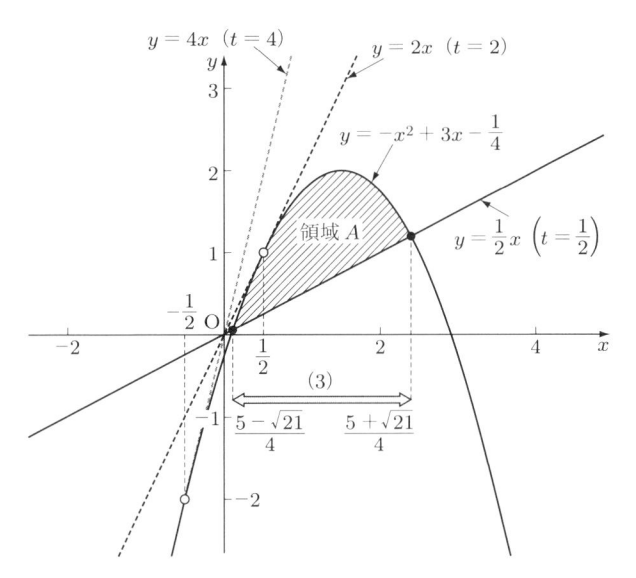

図 k.10 領域 A と直線 $y = tx$

4 (1) $\angle \text{OAP} = 90°$，$\angle \text{OMA} = 90°$ より，$\text{OP} = \dfrac{\text{OA}}{\cos \theta}$，$\text{OM} = \text{OA} \cos \theta$ であるから，

$$\overrightarrow{\text{OP}} = \frac{\text{OP}}{\text{OM}} \overrightarrow{\text{OM}} = \frac{\frac{\text{OA}}{\cos \theta}}{\text{OA} \cos \theta} \cdot \frac{\vec{a} + \vec{b}}{2} = \frac{\vec{a} + \vec{b}}{2 \cos^2 \theta}$$

(答) $\overrightarrow{\text{OP}} = \dfrac{\vec{a} + \vec{b}}{2 \cos^2 \theta}$

(2) $\overrightarrow{\text{OQ}} = \dfrac{m}{m+n} \vec{a} + \dfrac{n}{m+n} \vec{b}$ ⋯(1)

また，$\text{CQ} : \text{QD} = t : (1-t)$ とおくと

$$\overrightarrow{\text{OQ}} = (1-t)\overrightarrow{\text{OC}} + t\overrightarrow{\text{OD}}$$
$$= (1-t)\alpha \vec{a} + t\beta \vec{b} \quad \cdots(2)$$

練習問題解答・解説

$\vec{a}$, $\vec{b}$ はともに $\vec{0}$ でなく，平行でもない（すなわち 1 次独立である）から，式 (1), (2) より

$$\begin{cases} \dfrac{m}{m+n} = (1-t)\alpha & \cdots(3) \\ \dfrac{n}{m+n} = t\beta & \cdots(4) \end{cases}$$

式 (4) から $t = \dfrac{n}{\beta(m+n)}$ であり，これを式 (3) に代入すると，

$$\frac{m}{m+n} = \left\{1 - \frac{n}{\beta(m+n)}\right\}\alpha$$

$$n\alpha + m\beta = (m+n)\alpha\beta \quad \left(\frac{n}{\beta} + \frac{m}{\alpha} = m+n\right)$$

（答） $n\alpha + m\beta = (m+n)\alpha\beta \quad \left(\text{または，} \dfrac{n}{\beta} + \dfrac{m}{\alpha} = m+n\right)$

---

(3) $\overrightarrow{PQ} = \overrightarrow{OQ} - \overrightarrow{OP} = \dfrac{m}{m+n}\vec{a} + \dfrac{n}{m+n}\vec{b} - \dfrac{\vec{a}+\vec{b}}{2\cos^2\theta}$

$= \left(\dfrac{m}{m+n} - \dfrac{1}{2\cos^2\theta}\right)\vec{a} + \left(\dfrac{n}{m+n} - \dfrac{1}{2\cos^2\theta}\right)\vec{b}$

$\overrightarrow{CD} = \overrightarrow{OD} - \overrightarrow{OC} = -\alpha\vec{a} + \beta\vec{b}$

$PQ \perp CD$ より，$\overrightarrow{PQ} \cdot \overrightarrow{CD} = 0$ となる．ここで，

$$\overrightarrow{PQ} = \left\{\frac{2m\cos^2\theta - (m+n)}{2(m+n)\cos^2\theta}\right\}\vec{a} + \left\{\frac{2n\cos^2\theta - (m+n)}{2(m+n)\cos^2\theta}\right\}\vec{b}$$

だから，分母を払って $\overrightarrow{PQ} \cdot \overrightarrow{CD}$ を考えると，

$$\{(m+n-2m\cos^2\theta)\vec{a} + (m+n-2n\cos^2\theta)\vec{b}\} \cdot (\alpha\vec{a} - \beta\vec{b}) = 0$$

$$\alpha(m+n-2m\cos^2\theta)|\vec{a}|^2 - \beta(m+n-2n\cos^2\theta)|\vec{b}|^2$$
$$+ \{\alpha(m+n-2n\cos^2\theta) - \beta(m+n-2m\cos^2\theta)\}|\vec{a}||\vec{b}|\cos 2\theta = 0$$

$|\vec{a}| = |\vec{b}|$ より

$$\alpha(m+n-2m\cos^2\theta) - \beta(m+n-2n\cos^2\theta)$$
$$+ \{\alpha(m+n-2n\cos^2\theta) - \beta(m+n-2m\cos^2\theta)\}(2\cos^2\theta - 1) = 0$$

展開・整理して，

$$4\alpha n\cos^2\theta - 4\beta m\cos^2\theta - 4\alpha n\cos^4\theta + 4\beta m\cos^4\theta = 0$$
$$4\alpha n\cos^2\theta(1-\cos^2\theta) - 4\beta m\cos^2\theta(1-\cos^2\theta) = 0$$
$$4\cos^2\theta(1-\cos^2\theta)(\alpha n - \beta m) = 0$$

第3章 総仕上げレベル

$\cos\theta \neq 0, \pm 1$ より
$$\alpha n - \beta m = 0$$

よって，$\alpha n = \beta m$ $\left(\dfrac{m}{\alpha} = \dfrac{n}{\beta}\right)$

(答) $\underline{\alpha n = \beta m \quad \left(\text{または } \dfrac{m}{\alpha} = \dfrac{n}{\beta}\right)}$

• 別 解

(2) △OAB にメネラウスの定理を使って，

$$\dfrac{\text{AQ}}{\text{QB}} \cdot \dfrac{\text{BD}}{\text{DO}} \cdot \dfrac{\text{OC}}{\text{OA}} = 1 \Leftrightarrow \dfrac{n}{m} \cdot \dfrac{\beta-1}{\beta} \cdot \dfrac{\alpha}{1-\alpha} = 1 \Leftrightarrow n\alpha(\beta-1) = m\beta(1-\alpha)$$

よって，$n\alpha + m\beta = (m+n)\alpha\beta$ が得られる．

5 A は逆行列をもつので
$$ad - bc \neq 0 \qquad \cdots (1)$$
が成り立つ．

$l: y = x$ 上の点は (t, t) (t は実数) と表される．この点の 1 次変換 f による像は，
$$\begin{pmatrix} a & b \\ c & d \end{pmatrix}\begin{pmatrix} t \\ t \end{pmatrix} = \begin{pmatrix} at + bt \\ ct + dt \end{pmatrix} = \begin{pmatrix} t(a+b) \\ t(c+d) \end{pmatrix}$$

これが l 上にあるので，
$$t(a+b) = t(c+d)$$

この式はすべての t に対して成り立つので，
$$a + b = c + d \qquad \cdots (2)$$

ここで，もし $a + b = c + d = 0$ ならば，
$$ad - bc = -bd - bc = -b(c+d) = 0$$

となって式 (1) に反する．よって，$a + b = c + d \neq 0$ であり，式 (2) が成り立てば，f によって l が自分自身に移されることがわかる．

同様に，$m: y = -x$ 上の点は $(t, -t)$ (t は実数) と表される．この点の f による像は
$$\begin{pmatrix} a & b \\ c & d \end{pmatrix}\begin{pmatrix} t \\ -t \end{pmatrix} = \begin{pmatrix} at - bt \\ ct - dt \end{pmatrix} = \begin{pmatrix} t(a-b) \\ t(c-d) \end{pmatrix}$$

これが m 上にあるので，
$$t(a-b) = -t(c-d)$$

この式はすべての t に対して成り立つので，

練習問題解答・解説

$$a - b = d - c \qquad \cdots (3)$$

ここでも式 (1) より $a - b = d - c \neq 0$ が従い，式 (3) が成り立てば m が自分自身に移されることがわかる．

式 (2) + 式 (3) より

$$2a = 2d \quad \therefore \quad d = a \qquad \cdots (4)$$

式 (2) − 式 (3) より

$$2b = 2c \quad \therefore \quad c = b \qquad \cdots (5)$$

式 (4), (5) より，求める一般形は

$$A = \begin{pmatrix} a & b \\ b & a \end{pmatrix}$$

ただし，a, b は，式 (4) と式 (5) を式 (1) に代入して得られる $a^2 - b^2 \neq 0$ を満たす．

(答) $A = \begin{pmatrix} a & b \\ b & a \end{pmatrix}$ $(a^2 - b^2 \neq 0)$

❈ 解 説

本問は不動直線に関する問題である．得られた行列 $A = \begin{pmatrix} a & b \\ b & a \end{pmatrix}$ の固有値 λ, 固有ベクトル $\vec{x} = \begin{pmatrix} x_1 \\ x_2 \end{pmatrix}$ を求めてみよう．

$A\vec{x} = \lambda \vec{x}$ から固有方程式は，

$$(a - \lambda)^2 - b^2 = 0 \quad \text{すなわち} \quad \{\lambda - (a+b)\}\{\lambda - (a-b)\} = 0$$

よって，固有値は，$\lambda = a + b$, $a - b$ の 2 つが得られる．

(ⅰ) 固有値 $\lambda = a + b$ のとき

$$\begin{pmatrix} a & b \\ b & a \end{pmatrix} \begin{pmatrix} x_1 \\ x_2 \end{pmatrix} = (a+b) \begin{pmatrix} x_1 \\ x_2 \end{pmatrix}$$

から

$$\text{固有ベクトル} \begin{pmatrix} x_1 \\ x_2 \end{pmatrix} = k \begin{pmatrix} 1 \\ 1 \end{pmatrix} \quad (k \text{ は任意実数})$$

不動直線は，固有ベクトルの方向ベクトル $\begin{pmatrix} 1 \\ 1 \end{pmatrix}$ に移されるため，これは，直線 $y = x$ に対応する．

(ⅱ) 固有値 $\lambda = a - b$ のとき
同様に，

$$\begin{pmatrix} x_1 \\ x_2 \end{pmatrix} = k \begin{pmatrix} 1 \\ -1 \end{pmatrix} \quad (k \text{ は任意実数})$$

第3章　総仕上げレベル

不動直線は，固有ベクトルの方向ベクトル $\begin{pmatrix} 1 \\ -1 \end{pmatrix}$ に移されるため，これは，直線 $y = -x$ に対応する．

さらに，これら2本の不動直線は原点を通るか否かを吟味しなければならない．

$$\begin{pmatrix} a & b \\ b & a \end{pmatrix} \begin{pmatrix} x \\ y \end{pmatrix} = \begin{pmatrix} x' \\ y' \end{pmatrix}$$

から，

$$x' = ax + by, \quad y' = bx + ay$$
$$x' - y' = (a - b)(x - y)$$

となるので，

固有値 $\lambda = a + b$ に対応して，

　　$a - b \neq 1$ のとき　不動直線 $x - y = 0$ $(y = x)$ で，原点を通る．
　　$a - b = 1$ のとき　不動直線 $x - y = c_1$ (c_1 は任意) で，原点を通らない．

また，$x' + y' = (a + b)(x + y)$ となるので，

固有値 $\lambda = a - b$ に対応して，

　　$a + b \neq 1$ のとき　不動直線 $x + y = 0$ $(y = -x)$ で，原点を通る．
　　$a + b = 1$ のとき　不動直線 $x + y = c_2$ (c_2 は任意) で，原点を通らない．

◇参　考─────────────────────────────

$A = \begin{pmatrix} 3 & 2 \\ 2 & 3 \end{pmatrix}$ の場合，実際に不動直線を求めてみる．$a = 3$，$b = 2$，固有値 $a + b = 5 \neq 1$，$a - b = 1$ に注意する．

不動直線を $y = mx + n$ として，直線上の任意の点は $(t, mt + n)$ (t は実数) と表されるから，

$$\begin{pmatrix} 3 & 2 \\ 2 & 3 \end{pmatrix} \begin{pmatrix} t \\ mt + n \end{pmatrix} = \begin{pmatrix} (3 + 2m)t + 2n \\ (2 + 3m)t + 3n \end{pmatrix}$$

この点が，また $y = mx + n$ 上にあるので，

$$(2 + 3m)t + 3n = (3m + 2m^2)t + 2mn + n$$
$$(2m^2 - 2)t + 2mn - 2n = 0$$

これがすべての t について成り立つから，

$$m^2 - 1 = 0, \quad mn - n = 0$$

(ⅰ) $m = 1$ のとき，$mn - n = 0$ に代入すると n は任意となるので，原点を通らない不動直線 $y = x + n$ となる．これは，固有値 $5\ (= a + b)$ で，$a - b = 1$ に対応する．

(ⅱ) $m = -1$ のとき，$mn - n = 0$ に代入すると $n = 0$ となるので，原点を通る不動直線

練習問題解答・解説

$y = -x$ となる．これは，固有値 $1 (= a - b)$ で，$a + b = 5 (\neq 1)$ に対応する．
（図 k.11 を参照）

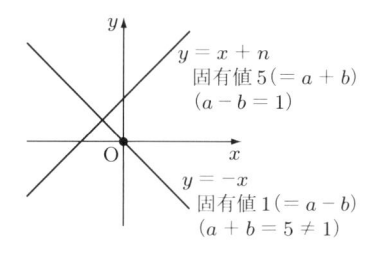

$y = x + n$
固有値 $5 (= a + b)$
$(a - b = 1)$

$y = -x$
固有値 $1 (= a - b)$
$(a + b = 5 \neq 1)$

図 k.11 $A = \begin{pmatrix} 3 & 2 \\ 2 & 3 \end{pmatrix}$ の2本の不動直線

6 (1) $\int_1^t \sqrt{x^2 - 1}\, dx = at\sqrt{t^2 - 1} + b \log_e \left(t + \sqrt{t^2 - 1} \right)$ の両辺を t について微分して，

$$\sqrt{t^2 - 1} = a\sqrt{t^2 - 1} + at \cdot \frac{t}{\sqrt{t^2 - 1}} + b \cdot \frac{1 + \dfrac{t}{\sqrt{t^2 - 1}}}{t + \sqrt{t^2 - 1}}$$

$$= \frac{a(t^2 - 1) + at^2 + b}{\sqrt{t^2 - 1}} = \frac{2at^2 - a + b}{\sqrt{t^2 - 1}}$$

分母を払って整理すると，

$$t^2 - 1 = 2at^2 - a + b \quad \text{すなわち} \quad (1 - 2a)t^2 + a - b - 1 = 0$$

これが $t (\geqq 1)$ についての恒等式であるから，

$$1 - 2a = 0, \quad a - b - 1 = 0$$

よって，$a = \dfrac{1}{2}$, $b = a - 1 = -\dfrac{1}{2}$ がわかる．

(答) $a = \dfrac{1}{2}$, $b = -\dfrac{1}{2}$

(2) $B(p, \sqrt{p^2 - 1})$ から x 軸に垂線 BH をひく．直線 OA，OB と曲線で囲まれた部分の面積 $\dfrac{S}{2}$ は

$$\frac{S}{2} = (\triangle \text{OBH の面積}) - \int_1^p \sqrt{x^2 - 1}\, dx = \frac{1}{2} p \sqrt{p^2 - 1} - \int_1^p \sqrt{x^2 - 1}\, dx \quad \cdots (1)$$

で与えられる．
(1) の結果より，

$$\int_1^p \sqrt{x^2 - 1}\, dx = \frac{1}{2} p \sqrt{p^2 - 1} - \frac{1}{2} \log_e \left(p + \sqrt{p^2 - 1} \right)$$

であるから，式 (1) は $\dfrac{1}{2} \log_e (p + \sqrt{p^2 - 1})$ に等しい．よって，

第 3 章　総仕上げレベル

$$\frac{S}{2} = \frac{1}{2}\log_e(p + \sqrt{p^2-1})$$

$$\log_e(p + \sqrt{p^2-1}) = S$$

$$p + \sqrt{p^2-1} = e^S$$

$$\sqrt{p^2-1} = e^S - p$$

両辺を 2 乗して整理すると，$2pe^S = e^{2S} + 1$．よって，$p = \dfrac{e^{2S}+1}{2e^S} = \dfrac{e^S + e^{-S}}{2}$ である．

　(答) $\underline{p = \dfrac{e^S + e^{-S}}{2}}$

◇参　考

(1) $\displaystyle\int_1^t \sqrt{x^2-1}\,dx = \dfrac{t}{2}\sqrt{t^2-1} - \dfrac{1}{2}\log_e(t + \sqrt{t^2-1})$ は，公式

$$\int \sqrt{x^2+a}\,dx = \frac{1}{2}\left(x\sqrt{x^2+a} + a\log_e|x + \sqrt{x^2+a}|\right) \quad (a \neq 0)$$

に $a = -1$ を代入して，

$$\int \sqrt{x^2-1}\,dx = \frac{1}{2}\left(x\sqrt{x^2-1} - \log_e|x + \sqrt{x^2-1}|\right)$$

よって，

$$\int_1^t \sqrt{x^2-1}\,dx = \frac{1}{2}\left[x\sqrt{x^2-1} - \log_e|x + \sqrt{x^2-1}|\right]_1^t$$

$$= \frac{1}{2}t\sqrt{t^2-1} - \frac{1}{2}\log_e(t + \sqrt{t^2-1}) \quad (\because t \geq 1)$$

からも得られる．

(2) $p = \dfrac{e^S + e^{-S}}{2} = \cosh S$ は双曲線関数である．一般に，双曲線関数には $\sinh x = \dfrac{e^x - e^{-x}}{2}$，$\cosh x = \dfrac{e^x + e^{-x}}{2}$，$\tanh x = \dfrac{e^x - e^{-x}}{e^x + e^{-x}}$ がある．それらのグラフを図 k.12 に示す．

また，以下の関係式が成り立つことは容易に証明できる．

- $\cosh^2 x - \sinh^2 x = 1$
- $\sinh(x+y) = \sinh x \cosh y + \cosh x \sinh y$
- $\cosh(x+y) = \cosh x \cosh y + \sinh x \sinh y$

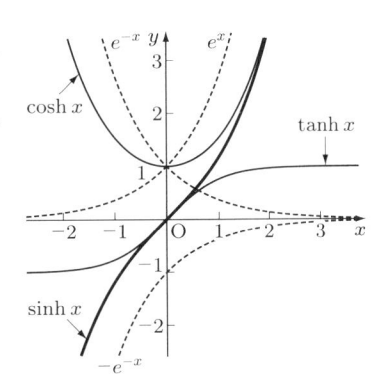

図 k.12　双曲線関数 $\sinh x$, $\cosh x$, $\tanh x$ のグラフ

練習問題解答・解説

ところで，$\cosh x$ のグラフは放物線に似ているように見えるが，実際はどうか調べてみよう．

$$e^x = 1 + x + \frac{x^2}{2!} + \frac{x^3}{3!} + \frac{x^4}{4!} + \cdots, \quad e^{-x} = 1 - x + \frac{x^2}{2!} - \frac{x^3}{3!} + \frac{x^4}{4!} + \cdots$$

から

$$\cosh x = \frac{e^x + e^{-x}}{2} = 1 + \frac{x^2}{2!} + \frac{x^4}{4!} + \cdots$$

と表される．したがって，$x \fallingdotseq 0$ では，$\cosh x \fallingdotseq 1 + \dfrac{x^2}{2}$ となって放物線に近似できることがわかる．

ところが，$|x|$ が大きくなると x^4 以上の項が無視できなくなり，結果として $\cosh x$ は $1 + \dfrac{x^2}{2}$ よりも大きくなる．放物線 $y = 1 + \dfrac{x^2}{2}$ と双曲線関数 $y = \cosh x$ のグラフを図 k.13 に示す．

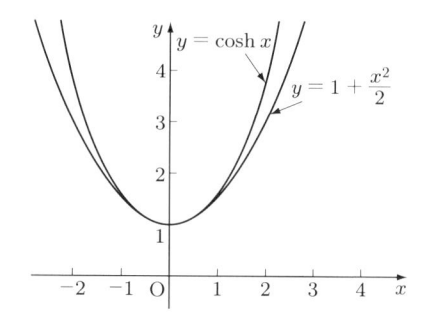

図 k.13　放物線と双曲線関数のグラフ

なお，$\cosh x$ のグラフは懸垂線（カテナリー曲線）とよばれ，ロープや電線などの両端をもって垂らしたときにできる曲線である（図 k.14）．

図 k.14　路上に見られる懸垂線

7　$A = 1$, $B = 2$ より

$$1 + 2 + C \times \{D \times (E + F) \times (G + H) + I\} = 2010$$
$$C \times \{D \times (E + F) \times (G + H) + I\} = 2007$$

第3章 総仕上げレベル

ここで，$2007 = 3^2 \times 223$ より，C $= 3, 9$
（ⅰ）C $= 3$ のとき

$$D \times (E+F) \times (G+H) + I = 669$$
$$D \times (E+F) \times (G+H) = 669 - I$$

残っている数字は 4~9 であるから，D は 4 以上 9 以下，また，E $+$ F，G $+$ H はいずれも 9 以上 17 以下であることに注意する．

　I $= 4$ のとき，$669 - I = 665 = 5 \times 7 \times 19$　不適
　I $= 5$ のとき，$669 - I = 664 = 2^3 \times 83$　不適
　I $= 6$ のとき，$669 - I = 663 = 3 \times 221$　不適
　I $= 7$ のとき，$669 - I = 662 = 2 \times 331$　不適
　I $= 8$ のとき，$669 - I = 661$　不適
　I $= 9$ のとき，$669 - I = 660 = 2^2 \times 3 \times 5 \times 11$

D $= 4, 5, 6$ である．また，E $+$ F，G $+$ H の一方は 11 である．
◎ D $= 4$ のとき

$$(E+F) \times (G+H) = 11 \times 15$$

これを満たす 5~8 の組み合わせは

$$(E, F, G, H) = (5, 6, 7, 8), (5, 6, 8, 7), (6, 5, 7, 8), (6, 5, 8, 7),$$
$$(7, 8, 5, 6), (7, 8, 6, 5), (8, 7, 5, 6), (8, 7, 6, 5)$$

の 8 組である．
◎ D $= 5$ のとき

$$(E+F) \times (G+H) = 11 \times 12$$

これを満たす 4，6，7，8 の組み合わせは存在しない．
◎ D $= 6$ のとき

$$(E+F) \times (G+H) = 10 \times 11$$

これを満たす 4，5，7，8 の組み合わせは存在しない．
（ⅱ）C $= 9$ のとき

$$D \times (E+F) \times (G+H) + I = 223$$
$$D \times (E+F) \times (G+H) = 223 - I$$

残っている数字は 3~8 であるから，D は 3 以上 8 以下，また，E $+$ F，G $+$ H はいずれも 7 以上 15 以下である．

　I $= 3$ のとき，$223 - I = 220 = 2^2 \times 5 \times 11$
D $= 4, 5$ だが，いずれも不適
　I $= 4$ のとき，$223 - I = 219 = 3 \times 73$　不適
　I $= 5$ のとき，$223 - I = 218 = 2 \times 109$　不適

練習問題解答・解説

I = 6 のとき，$223 - I = 217 = 7 \times 31$　不適
I = 7 のとき，$223 - I = 216 = 2^3 \times 3^3$
D = 3, 4, 6, 8 である．

◎ D = 3 のとき

$$(E+F) \times (G+H) = 2^3 \times 3^2 < 81 \quad 不適$$

◎ D = 4 のとき

$$(E+F) \times (G+H) = 2 \times 3^3 < 64 \quad 不適$$

◎ D = 6 のとき

$$(E+F) \times (G+H) = 2^2 \times 3^2 < 49 \quad 不適$$

◎ D = 8 のとき

$$(E+F) \times (G+H) = 3^3 < 49 \quad 不適$$

I = 8 のとき，$223 - I = 215 = 5 \times 43$　不適

(答)　(C, D, E, F, G, H, I) = (3, 4, 5, 6, 7, 8, 9), (3, 4, 5, 6, 8, 7, 9),
(3, 4, 6, 5, 7, 8, 9), (3, 4, 6, 5, 8, 7, 9),
(3, 4, 7, 8, 5, 6, 9), (3, 4, 7, 8, 6, 5, 9),
(3, 4, 8, 7, 5, 6, 9), (3, 4, 8, 7, 6, 5, 9)

8　$\cos^2 t = 1 - \sin^2 t$ より

$$f(t) = \sin^3 t + \sin^2 t - \sin t + \cos^2 t = \sin^3 t + \sin^2 t - \sin t + 1 - \sin^2 t$$
$$= \sin^3 t - \sin t + 1$$

点 P の座標を (x, y) とおくと

$$OP^2 = x^2 + y^2 = \cos^2 t \{f(t)\}^2 + \sin^2 t \{f(t)\}^2$$
$$= (\sin^2 t + \cos^2 t)\{f(t)\}^2 = \{f(t)\}^2$$

よって，$OP = |f(t)| = |\sin^3 t - \sin t + 1|$ となる．

ここで，$s = \sin t$ として $g(s) = s^3 - s + 1 \ (-1 \leqq s \leqq 1)$ とおくと，

$$g'(s) = 3s^2 - 1 = 3\left(s + \frac{1}{\sqrt{3}}\right)\left(s - \frac{1}{\sqrt{3}}\right)$$

これより，次の増減表を得る．

s	-1		$-\dfrac{1}{\sqrt{3}}$		$\dfrac{1}{\sqrt{3}}$		1
$g'(s)$		$+$	0	$-$	0	$+$	
$g(s)$	1	↗	極大	↘	極小	↗	1

第 3 章 総仕上げレベル

極値は

$$\text{極大値}: g\left(-\frac{1}{\sqrt{3}}\right) = 1 + \frac{2}{3\sqrt{3}}$$

$$\text{極小値}: g\left(\frac{1}{\sqrt{3}}\right) = 1 - \frac{2}{3\sqrt{3}} > \frac{1}{3}$$

OP が最大となるときの直線 OP と円 S との交点のうち P から遠いほうを Q_1 とすると,PQ_1 が PQ の最大となる.このとき,

$$PQ = 1 + \frac{2}{3\sqrt{3}} + \frac{1}{3} = \frac{12 + 2\sqrt{3}}{9}$$

また,OP が最小となるときの直線 OP と円 S との交点のうち P に近いほうを Q_2 とすると,PQ_2 が PQ の最小となる.このとき,

$$PQ = 1 - \frac{2}{3\sqrt{3}} - \frac{1}{3} = \frac{6 - 2\sqrt{3}}{9}$$

(答)最大値 $\dfrac{12 + 2\sqrt{3}}{9}$,最小値 $\dfrac{6 - 2\sqrt{3}}{9}$

◆ 解 説

点 P と点 Q の位置関係をグラフで示すと,図 k.15 のようになる.

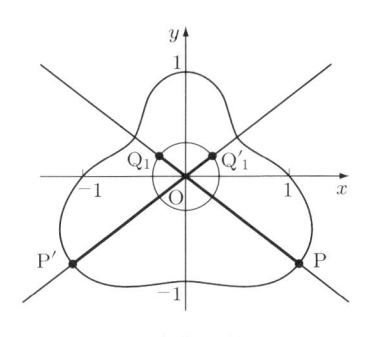

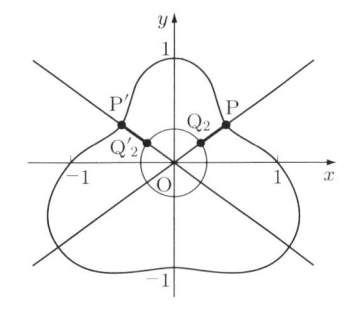

(a) $PQ_1(P'Q'_1)$ が最大のとき (b) $PQ_2(P'Q'_2)$ が最小のとき

図 k.15 PQ_1,PQ_2 が最大,最小のときの位置関係

9 (1) D チームが 1 試合め,2 試合めに勝って勝ち上がる確率は

$$0.6 \times 0.6 = 0.36$$

D チームがはじめの 2 試合のうち 1 試合で勝ち,3 試合めに勝って勝ち上がる確率は

$$({}_2C_1 \times 0.6 \times 0.4) \times 0.6 = 0.288$$

練習問題解答・解説

したがって，求める確率は

$$0.36 + 0.288 = 0.648 = 64.8\% \fallingdotseq 65\%$$

(答) 65%

(2) まず，TチームがDチームと試合をするときについて考える．
Tチームが3試合のうち3試合とも勝って優勝を決める確率は

$$0.4 \times 0.4 \times 0.4 = 0.064$$

Tチームがはじめの3試合のうち2試合で勝ち，4試合めに勝って優勝を決める確率は

$$(_3C_1 \times 0.4 \times 0.4 \times 0.6) \times 0.4 = 0.1152$$

Tチームがはじめの4試合のうち2試合で勝ち，5試合めに勝って優勝を決める確率は

$$(_4C_2 \times 0.4 \times 0.4 \times 0.6 \times 0.6) \times 0.4 = 0.13824$$

したがって，求める確率は

$$0.064 + 0.1152 + 0.13824 = 0.31744$$

次に，TチームがGチームと試合をするときについて考える．
Tチームが3試合のうち3試合とも勝って優勝を決める確率は

$$0.6 \times 0.6 \times 0.6 = 0.216$$

Tチームがはじめの3試合のうち2試合で勝ち，4試合めに勝って優勝を決める確率は

$$(_3C_1 \times 0.6 \times 0.6 \times 0.4) \times 0.6 = 0.2592$$

Tチームがはじめの4試合のうち2試合で勝ち，5試合めに勝って優勝を決める確率は

$$(_4C_2 \times 0.6 \times 0.6 \times 0.4 \times 0.4) \times 0.6 = 0.20736$$

したがって，求める確率は

$$0.216 + 0.2592 + 0.20736 = 0.68256$$

ゆえに，Tチームが優勝する確率は，Dチームが勝ち上がって，Tチームと対戦してTチームが優勝する場合と，Gチームが勝ち上がって（Dチームが負けて），Tチームと対戦してTチームが優勝する場合の2つのケースを考え，

$$0.648 \times 0.31744 + (1 - 0.648) \times 0.68256 = 0.20570112 + 0.24026112$$
$$= 0.44596224 = 44.596224\% \fallingdotseq 45\%$$

(答) 45%

10 $A = \begin{pmatrix} p & 0 \\ p & p \end{pmatrix}$, $A^2 = \begin{pmatrix} p & 0 \\ p & p \end{pmatrix}\begin{pmatrix} p & 0 \\ p & p \end{pmatrix} = \begin{pmatrix} p^2 & 0 \\ 2p^2 & p^2 \end{pmatrix}$.

第3章 総仕上げレベル

$$A^3 = \begin{pmatrix} p^2 & 0 \\ 2p^2 & p^2 \end{pmatrix} \begin{pmatrix} p & 0 \\ p & p \end{pmatrix} = \begin{pmatrix} p^3 & 0 \\ 3p^3 & p^3 \end{pmatrix}$$

したがって，$A^n = \begin{pmatrix} p^n & 0 \\ np^n & p^n \end{pmatrix}$ と推測することができる．これが成り立つことを数学的帰納法で証明する．

（i）$n=1$ のとき，成り立つ．

（ii）$n=k$ のとき，$A^k = \begin{pmatrix} p^k & 0 \\ kp^k & p^k \end{pmatrix}$ が成り立つと仮定すると

$$A^{k+1} = \begin{pmatrix} p^k & 0 \\ kp^k & p^k \end{pmatrix} \begin{pmatrix} p & 0 \\ p & p \end{pmatrix} = \begin{pmatrix} p^{k+1} & 0 \\ (k+1)p^{k+1} & p^{k+1} \end{pmatrix}$$

以上より，n がすべての自然数でも $A^n = \begin{pmatrix} p^n & 0 \\ np^n & p^n \end{pmatrix}$ が成り立つ．したがって，

$$T_n = A + A^2 + A^3 + \cdots + A^n$$
$$= \begin{pmatrix} p & 0 \\ p & p \end{pmatrix} + \begin{pmatrix} p^2 & 0 \\ 2p^2 & p^2 \end{pmatrix} + \cdots + \begin{pmatrix} p^n & 0 \\ np^n & p^n \end{pmatrix}$$

よって

$$T_n = \begin{pmatrix} \sum_{k=1}^{n} p^k & 0 \\ \sum_{k=1}^{n} kp^k & \sum_{k=1}^{n} p^k \end{pmatrix}, \quad \sum_{k=1}^{n} p^k = \frac{p(1-p^n)}{1-p}$$

$S_n = \displaystyle\sum_{k=1}^{n} kp^k$ とおいて，

$$S_n = \sum_{k=1}^{n} kp^k = p + 2p^2 + 3p^3 + \cdots + np^n$$
$$pS_n = \sum_{k=1}^{n} kp^{k+1} = p^2 + 2p^3 + 3p^4 + \cdots + np^{n+1}$$

$S_n - pS_n$ を計算することにより，

$$(1-p)S_n = p + 2p^2 + 3p^3 + \cdots + np^n - (p^2 + 2p^3 + 3p^4 + \cdots + np^{n+1})$$
$$= p + p^2 + p^3 + \cdots + p^n - np^{n+1}$$
$$= \frac{p(1-p^n)}{1-p} - np^{n+1} = \frac{np^{n+2} - (1+n)p^{n+1} + p}{1-p}$$

$$S_n = \sum_{k=1}^{n} kp^k = \frac{np^{n+2} - (1+n)p^{n+1} + p}{(1-p)^2}$$

練習問題解答・解説

したがって，$0 < p < 1$ より

$$\lim_{n \to \infty} \sum_{k=1}^{n} p^k = \frac{p}{1-p}, \quad \lim_{n \to \infty} \sum_{k=1}^{n} k p^k = \frac{p}{(1-p)^2}$$

以上から

$$\lim_{n \to \infty} T_n = \begin{pmatrix} \dfrac{p}{1-p} & 0 \\ \dfrac{p}{(1-p)^2} & \dfrac{p}{1-p} \end{pmatrix}$$

（答）$\displaystyle \lim_{n \to \infty} T_n = \begin{pmatrix} \dfrac{p}{1-p} & 0 \\ \dfrac{p}{(1-p)^2} & \dfrac{p}{1-p} \end{pmatrix}$

別 解

ケーリー・ハミルトンの定理を使って A^n を求めてみる．

$A = \begin{pmatrix} p & 0 \\ p & p \end{pmatrix}$ から，$A^2 - 2pA + p^2 E = 0$ となり，これから，$A(A - pE) = p(A - pE)$ が得られる．両辺の左から A^{n-1} をかけると，

$$A^n(A - pE) = pA^{n-1}(A - pE)$$

行列の列 $\{A^n(A - pE)\}$ を考え，

$$A^{n-1}(A - pE) = pA^{n-2}(A - pE) = p^2 A^{n-3}(A - pE) = \cdots = p^{n-1}(A - pE)$$

すなわち，$A^n - pA^{n-1} = p^{n-1}A - p^n E$ が得られる．

両辺を p^n で割ると，$\left(\dfrac{A}{p}\right)^n - \left(\dfrac{A}{p}\right)^{n-1} = \dfrac{A}{p} - E$ となる．$\left\{\left(\dfrac{A}{p}\right)^n\right\}$ は初項 $\dfrac{A}{p}$，公差 $\dfrac{A}{p} - E$ の等差数列と考えられるので，

$$\left(\frac{A}{p}\right)^n = \frac{A}{p} + (n-1)\left(\frac{A}{p} - E\right) = \frac{n}{p}A - (n-1)E$$

よって，

$$A^n = p^n \left\{\frac{n}{p}A - (n-1)E\right\} = np^{n-1}A - p^n(n-1)E$$

$$= np^{n-1}\begin{pmatrix} p & 0 \\ p & p \end{pmatrix} - p^n(n-1)\begin{pmatrix} 1 & 0 \\ 0 & 1 \end{pmatrix} = \begin{pmatrix} p^n & 0 \\ np^n & p^n \end{pmatrix}$$

と求めることができる．

実用数学技能検定準1級
模擬検定問題解答・解説

〈1次：計算技能検定〉

問題1. $(x+1)(x-1)(x+\sqrt{2}\,i)(x-\sqrt{2}\,i)$

◇ 解　説

$X = x^2$ とおいて

$$\begin{aligned}
x^4 + x^2 - 2 &= X^2 + X - 2 \\
&= (X-1)(X+2) \\
&= (x^2-1)(x^2+2) \\
&= (x+1)(x-1)(x^2+2) \quad\cdots(1) \\
&= (x+1)(x-1)(x+\sqrt{2}\,i)(x-\sqrt{2}\,i)
\end{aligned}$$

◇ 参　考

このような複2次式の因数分解の問題で，係数が実数の範囲までの場合，式(1)を答えとする．

問題2. $10\sqrt{13}$

◇ 解　説

$$2^{3x} + 2^{-3x} = (2^x + 2^{-x})(2^{2x} - 1 + 2^{-2x}) = (2^x + 2^{-x})\{(2^x - 2^{-x})^2 + 1\}$$
$$= (2^x + 2^{-x})(3^2 + 1) = 10(2^x + 2^{-x})$$

$2^x - 2^{-x} = 3$ の両辺を2乗して，

$$\begin{aligned}
&2^{2x} + 2^{-2x} - 2 = 9 \\
&2^{2x} + 2^{-2x} = 11 \\
&(2^x + 2^{-x})^2 - 2 = 11 \\
&2^x + 2^{-x} = \sqrt{13} \quad (\because 2^x + 2^{-x} > 0)
\end{aligned}$$

したがって，

$$2^{3x} + 2^{-3x} = 10(2^x + 2^{-x}) = 10\sqrt{13}$$

模擬検定問題解答・解説

> **別 解**
>
> $2^x - 2^{-x} = 3$ で，$2^x = X$ とおけば，$X - \dfrac{1}{X} = 3$ となる．これから，
>
> $$X^2 = 3X + 1$$
> $$X^2 - 3X - 1 = 0$$
>
> よって，$X = \dfrac{3 + \sqrt{13}}{2}$ $(\because X > 0)$
>
> $X^3 = \left(\dfrac{3+\sqrt{13}}{2}\right)^3 = 18 + 5\sqrt{13}$，すなわち $\dfrac{1}{X^3} = \dfrac{1}{18 + 5\sqrt{13}} = 5\sqrt{13} - 18$ から，
>
> $$2^{3x} + 2^{-3x} = X^3 + \dfrac{1}{X^3} = 18 + 5\sqrt{13} + 5\sqrt{13} - 18 = 10\sqrt{13}$$

問題3. -3

◈ 解 説

図 k.16 から，$\triangle$ABC は $C = 90°$，$B = 30°$ の直角三角形になるので，

$$\overrightarrow{AB} \cdot \overrightarrow{BC} = |\overrightarrow{AB}||\overrightarrow{BC}|\cos 150°$$
$$= 2\sqrt{3} \times \left(-\dfrac{\sqrt{3}}{2}\right) = -3$$

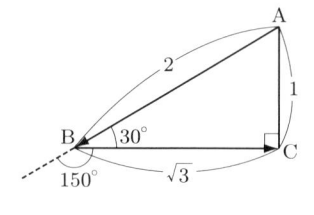

図 k.16　$\triangle$ABC

> **別 解**
>
> $\triangle$ABC が直角三角形であることに気づかなければ，図 k.17 のように考えて，$\angle$ABC $= \theta$ として
>
> $$\overrightarrow{AB} \cdot \overrightarrow{BC} = |\overrightarrow{AB}||\overrightarrow{BC}|\cos(180° - \theta)$$
> $$= 2\sqrt{3} \times (-\cos\theta)$$
> $$= -2\sqrt{3}\cos\theta \quad \cdots(1)$$
>
> 一方，余弦定理から，$1^2 = 2^2 + (\sqrt{3})^2 - 4\sqrt{3}\cos\theta$．
>
> よって，$\cos\theta = \dfrac{3}{2\sqrt{3}}$ が得られ，式 (1) に代入すると，
>
> $$\overrightarrow{AB} \cdot \overrightarrow{BC} = -2\sqrt{3} \times \dfrac{3}{2\sqrt{3}} = -3$$

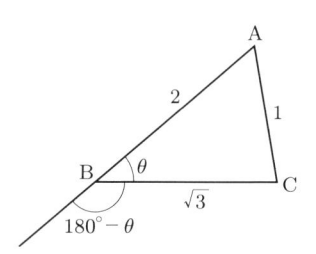

図 k.17　$\angle$ABC $= \theta$ とした場合

1次：計算技能検定

問題 4. (1) $A^2 = \dfrac{1}{2}\begin{pmatrix} 1 & -\sqrt{3} \\ \sqrt{3} & 1 \end{pmatrix}$ (2) $A^3 = \begin{pmatrix} 0 & -1 \\ 1 & 0 \end{pmatrix}$

◆ 解 説

(1) $A = \dfrac{1}{2}\begin{pmatrix} \sqrt{3} & -1 \\ 1 & \sqrt{3} \end{pmatrix}$ から

$$A^2 = \frac{1}{4}\begin{pmatrix} \sqrt{3} & -1 \\ 1 & \sqrt{3} \end{pmatrix}\begin{pmatrix} \sqrt{3} & -1 \\ 1 & \sqrt{3} \end{pmatrix} = \frac{1}{4}\begin{pmatrix} 3-1 & -\sqrt{3}-\sqrt{3} \\ \sqrt{3}+\sqrt{3} & -1+3 \end{pmatrix}$$

$$= \frac{1}{2}\begin{pmatrix} 1 & -\sqrt{3} \\ \sqrt{3} & 1 \end{pmatrix}$$

(2) $A^3 = A^2 A = \dfrac{1}{4}\begin{pmatrix} 1 & -\sqrt{3} \\ \sqrt{3} & 1 \end{pmatrix}\begin{pmatrix} \sqrt{3} & -1 \\ 1 & \sqrt{3} \end{pmatrix}$

$$= \frac{1}{4}\begin{pmatrix} \sqrt{3}-\sqrt{3} & -1-3 \\ 3+1 & -\sqrt{3}+\sqrt{3} \end{pmatrix} = \begin{pmatrix} 0 & -1 \\ 1 & 0 \end{pmatrix}$$

別 解 1

$A = \dfrac{1}{2}\begin{pmatrix} \sqrt{3} & -1 \\ 1 & \sqrt{3} \end{pmatrix} = \begin{pmatrix} \dfrac{\sqrt{3}}{2} & -\dfrac{1}{2} \\ \dfrac{1}{2} & \dfrac{\sqrt{3}}{2} \end{pmatrix}$ にケーリー・ハミルトンの定理を適用すると，

$$A^2 - \left(\frac{\sqrt{3}}{2} + \frac{\sqrt{3}}{2}\right)A + \left(\frac{\sqrt{3}}{2}\cdot\frac{\sqrt{3}}{2} - \left(-\frac{1}{2}\right)\cdot\frac{1}{2}\right)E = O$$

よって，$A^2 - \sqrt{3}A + E = O$ が得られる．以下，この関係を使って計算する．

(1) $A^2 = \sqrt{3}A - E$

$$= \begin{pmatrix} \dfrac{3}{2} & -\dfrac{\sqrt{3}}{2} \\ \dfrac{\sqrt{3}}{2} & \dfrac{3}{2} \end{pmatrix} - \begin{pmatrix} 1 & 0 \\ 0 & 1 \end{pmatrix} = \begin{pmatrix} \dfrac{1}{2} & -\dfrac{\sqrt{3}}{2} \\ \dfrac{\sqrt{3}}{2} & \dfrac{1}{2} \end{pmatrix} = \frac{1}{2}\begin{pmatrix} 1 & -\sqrt{3} \\ \sqrt{3} & 1 \end{pmatrix}$$

(2) $A^3 = A^2 A = (\sqrt{3}A - E)A = \sqrt{3}A^2 - A = \sqrt{3}(\sqrt{3}A - E) - A$

$$= 2A - \sqrt{3}E = \begin{pmatrix} \sqrt{3} & -1 \\ 1 & \sqrt{3} \end{pmatrix} - \begin{pmatrix} \sqrt{3} & 0 \\ 0 & \sqrt{3} \end{pmatrix} = \begin{pmatrix} 0 & -1 \\ 1 & 0 \end{pmatrix}$$

別 解 2

$A = \dfrac{1}{2}\begin{pmatrix} \sqrt{3} & -1 \\ 1 & \sqrt{3} \end{pmatrix} = \begin{pmatrix} \cos 30° & -\sin 30° \\ \sin 30° & \cos 30° \end{pmatrix}$ は，原点のまわりの $30°$ の回転を示す行

模擬検定問題解答・解説

列なので，A^2 は $60°$，A^3 は $90°$ の回転を示すことがわかる．

$$A^2 = \begin{pmatrix} \cos 60° & -\sin 60° \\ \sin 60° & \cos 60° \end{pmatrix} = \frac{1}{2}\begin{pmatrix} 1 & -\sqrt{3} \\ \sqrt{3} & 1 \end{pmatrix},$$

$$A^3 = \begin{pmatrix} \cos 90° & -\sin 90° \\ \sin 90° & \cos 90° \end{pmatrix} = \begin{pmatrix} 0 & -1 \\ 1 & 0 \end{pmatrix}$$

◇ 参 考

一般に，

$$A^n = \begin{pmatrix} \cos 30° & -\sin 30° \\ \sin 30° & \cos 30° \end{pmatrix}^n = \begin{pmatrix} \cos(30° \times n) & -\sin(30° \times n) \\ \sin(30° \times n) & \cos(30° \times n) \end{pmatrix}$$

であるから，

$$A^6 = \begin{pmatrix} -1 & 0 \\ 0 & -1 \end{pmatrix} = -E, \quad A^{12} = \begin{pmatrix} 1 & 0 \\ 0 & 1 \end{pmatrix} = E$$

したがって，A^{12} で，$30° \times 12 = 360°$ の 1 回転となる．

問題5. $-4\sqrt{3} + 4i$

◈ 解 説

z_1, z_2 をそれぞれ極形式で表すと，

$$z_1 = \sqrt{2}(1+i) = 2\left(\cos\frac{\pi}{4} + i\sin\frac{\pi}{4}\right), \quad z_2 = 2\left(\cos\frac{\pi}{6} + i\sin\frac{\pi}{6}\right)$$

ド・モアブルの定理を使って，$z_1{}^4 = 2^4(\cos\pi + i\sin\pi)$ から

$$\frac{z_1{}^4}{z_2} = \frac{2^4(\cos\pi + i\sin\pi)}{2\left(\cos\dfrac{\pi}{6} + i\sin\dfrac{\pi}{6}\right)} = 2^3\left(\cos\frac{5}{6}\pi + i\sin\frac{5}{6}\pi\right) = 2^3\left(-\frac{\sqrt{3}}{2} + \frac{1}{2}i\right)$$

$$= -4\sqrt{3} + 4i$$

・別 解

直接計算して求めてもよい．
$z_1 = \sqrt{2}(1+i)$ から

$$z_1{}^2 = 2(1+i)^2 = 4i, \quad z_1{}^4 = z_1{}^2 z_1{}^2 = 4i \times 4i = -16$$

よって，

1次: 計算技能検定

$$\frac{z_1{}^4}{z_2} = \frac{-16}{\sqrt{3}+i} = \frac{-16(\sqrt{3}-i)}{(\sqrt{3}+i)(\sqrt{3}-i)} = \frac{-16(\sqrt{3}-i)}{4}$$
$$= -4(\sqrt{3}-i) = -4\sqrt{3}+4i$$

問題6. (1) $-\dfrac{\sqrt{x}}{\sqrt{y}}$　(2) -1

◈解　説

(1) $x^{\frac{3}{2}} + y^{\frac{3}{2}} = 16$ の両辺を x で微分すると,

$$\frac{3}{2}x^{\frac{1}{2}} + \frac{3}{2}y^{\frac{1}{2}}y' = 0$$
$$\sqrt{x} + \sqrt{y}\,y' = 0$$

よって, $y' = -\dfrac{\sqrt{x}}{\sqrt{y}}$ となる.

(2) $y' = -\dfrac{\sqrt{x}}{\sqrt{y}}$ は曲線上の点 (x,y) における接線の傾きであるから, $x=4$, $y=4$ を代入して,

$$y' = -\frac{\sqrt{4}}{\sqrt{4}} = -1$$

◇参　考

y が x の関数であるとき, $y=f(x)$ を陽関数表示, $f(x,y)=0$ を陰関数表示という. 本問は, $f(x,y) = x^{\frac{3}{2}} + y^{\frac{3}{2}} - 16 = 0$ の陰関数表示の導関数を求める問題である.
　ちなみに, 第2次導関数は

$$y'' = \frac{d^2y}{dx^2} = \frac{d}{dx}\left(-\frac{\sqrt{x}}{\sqrt{y}}\right) = -\frac{\dfrac{\sqrt{y}}{2\sqrt{x}} - \sqrt{x}\cdot\dfrac{y'}{2\sqrt{y}}}{y}$$

$y' = -\dfrac{\sqrt{x}}{\sqrt{y}}$ を代入して整理すると, $y'' = -\dfrac{8}{\sqrt{x}\,y^2}$ と求められる.

問題7. $\dfrac{1}{\log_e 2}$

◈解　説

$|2^x - 2|$ の積分は, $x \geq 1$ で $2^x - 2 \geq 0$, $x < 1$ で $2^x - 2 < 0$ から, 次のようになる.

$$\int_0^2 |2^x - 2|\,dx = \int_0^1 (2 - 2^x)\,dx + \int_1^2 (2^x - 2)\,dx$$

模擬検定問題解答・解説

$$= \int_0^1 2\,dx - \int_0^1 2^x\,dx + \int_1^2 2^x\,dx - \int_1^2 2\,dx$$

$$= \int_1^2 2^x\,dx - \int_0^1 2^x\,dx$$

$\int 2^x\,dx$ を計算するために，$2^x = t$ とおく．$x \log_e 2 = \log_e t$ から，$\log_e 2\,dx = \dfrac{dt}{t}$，すなわち $dx = \dfrac{dt}{t \log_e 2}$ となる．よって，

$$\int 2^x\,dx = \int t\,\frac{dt}{t \log_e 2} = \frac{2^x}{\log_e 2} + C$$

したがって，

$$\int_0^2 |2^x - 2|\,dx = \int_1^2 2^x\,dx - \int_0^1 2^x\,dx$$

$$= \left[\frac{2^x}{\log_e 2}\right]_1^2 - \left[\frac{2^x}{\log_e 2}\right]_0^1 = \frac{4-2}{\log_e 2} - \frac{2-1}{\log_e 2} = \frac{1}{\log_e 2}\ (= \log_2 e)$$

〈2次: 数理技能検定〉

問題 1. (1) $(x-4)^2 + y^2 = 4$ に $y = mx$ を代入して

$$(x-4)^2 + m^2 x^2 = 4$$
$$(m^2+1)x^2 - 8x + 12 = 0 \quad \cdots (1)$$

この2次方程式が異なる2つの実数解をもてばよいので，(判別式) > 0 より，

$$16 - 12(m^2+1) > 0$$
$$3m^2 - 1 < 0 \quad \cdots (2)$$

この不等式を解くと，

$$-\frac{1}{\sqrt{3}} < m < \frac{1}{\sqrt{3}}$$

(答) $-\dfrac{1}{\sqrt{3}} < m < \dfrac{1}{\sqrt{3}}$

(2) 異なる2交点の座標を $(\alpha, m\alpha)$，$(\beta, m\beta)$ とおく．
α, β は式 (1) の解であるから，解と係数の関係より $\alpha + \beta = \dfrac{8}{m^2+1}$ である．
線分 AB の中点 M の座標を (X, Y) とおくと，

$$X = \frac{\alpha + \beta}{2} = \frac{4}{m^2+1} \quad \cdots (3)$$

式 (3) より，$m^2 = \dfrac{4}{X} - 1$ となる．

点 (X, Y) は直線 $y = mx$ 上の点より $Y = mX$，さらに $X \neq 0$ であるから，$m = \dfrac{Y}{X}$ である．これを式 (3) に代入すると，

$$X = \dfrac{4}{\left(\dfrac{Y}{X}\right)^2 + 1} = \dfrac{4X^2}{Y^2 + X^2}$$

両辺を $X (\neq 0)$ で割って

$$1 = \dfrac{4X}{Y^2 + X^2}$$
$$X^2 + Y^2 = 4X$$
$$(X - 2)^2 + Y^2 = 4$$

ここで，式 (2) より $m^2 < \dfrac{1}{3}$ であるから，$\dfrac{4}{X} - 1 < \dfrac{1}{3}$，すなわち $X > 3$ がわかる．

(答) 円 $(x-2)^2 + y^2 = 4$ の $x > 3$ の部分

◇参 考

答えの軌跡を図 k.18 に太線で示す．

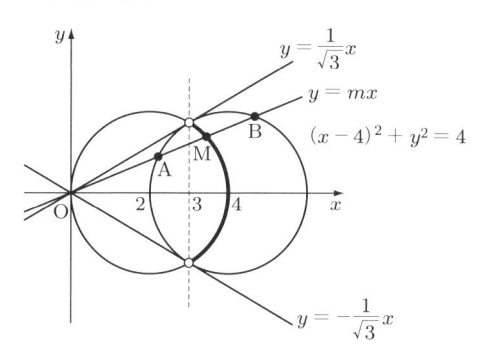

図 k.18 線分 AB の中点 M の軌跡

問題 2. (1) 各点とベクトルを図示すると，図 k.19 のようになる．条件より，

$$\overrightarrow{OG} = \dfrac{\vec{a} + \vec{b} + \vec{c}}{3}, \quad \overrightarrow{OH} = \dfrac{\vec{b} + \vec{c}}{3}$$

よって，$\overrightarrow{AH} = \overrightarrow{OH} - \overrightarrow{OA} = \dfrac{-3\vec{a} + \vec{b} + \vec{c}}{3}$ であり，$\overrightarrow{OG}$ と $\overrightarrow{AH}$ は平行でない．

$\overrightarrow{OG}$, $\overrightarrow{AH}$ 上の点の位置ベクトルは，それぞれ

模擬検定問題解答・解説

$$s\overrightarrow{OG} = \frac{s}{3}(\vec{a} + \vec{b} + \vec{c}) \quad (0 \leqq s \leqq 1)$$

$$t\overrightarrow{OA} + (1-t)\overrightarrow{OH} = t\vec{a} + \frac{1-t}{3}(\vec{b} + \vec{c})$$

$$(0 \leqq t \leqq 1)$$

と表される．$\vec{a}$, $\vec{b}$, $\vec{c}$ は1次独立であるから，OG と AH が1点で交わるための必要十分条件は

$$s\overrightarrow{OG} = t\overrightarrow{OA} + (1-t)\overrightarrow{OH}$$

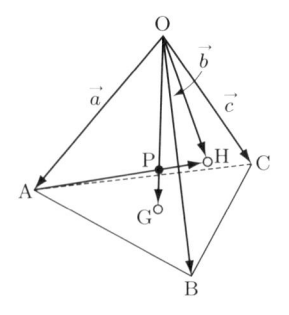

図 k.19　正四面体 OABC

すなわち，$\dfrac{s}{3}(\vec{a} + \vec{b} + \vec{c}) = t\vec{a} + (1-t)\dfrac{\vec{b} + \vec{c}}{3}$ から

$$\frac{s}{3} = t \qquad \cdots(1)$$

$$\frac{s}{3} = \frac{1-t}{3} \qquad \cdots(2)$$

を同時に満たす s, t $(0 \leqq s \leqq 1, 0 \leqq t \leqq 1)$ がただ 1 組存在することである．式 (1), (2) から s を消去して $t = \dfrac{1-t}{3}$，よって，$t = \dfrac{1}{4}$．これを式 (1) に代入して，$s = \dfrac{3}{4}$ を得る．よって，線分 OG と線分 AH は 1 点で交わる．

(2) 正四面体 OABC において，

$$|\vec{a}| = |\vec{b}| = |\vec{c}| = 1, \quad \vec{a} \cdot \vec{b} = \vec{b} \cdot \vec{c} = \vec{c} \cdot \vec{a} = \frac{1}{2}$$

が成り立つことに注意する．(1) より，線分 OG と線分 AH の交点 P は，$\overrightarrow{OP} = s\overrightarrow{OG} = \dfrac{3}{4}\overrightarrow{OG}$．すなわち，線分 OG を 3 : 1 に内分する点である．ここで，

$$\begin{aligned}
3\overrightarrow{OG} \cdot \overrightarrow{AB} &= 3\overrightarrow{OG} \cdot (\overrightarrow{OB} - \overrightarrow{OA}) \\
&= (\vec{a} + \vec{b} + \vec{c}) \cdot (\vec{b} - \vec{a}) \\
&= \vec{a} \cdot \vec{b} - |\vec{a}|^2 + |\vec{b}|^2 - \vec{b} \cdot \vec{a} + \vec{c} \cdot \vec{b} - \vec{c} \cdot \vec{a} \\
&= 0 \\
3\overrightarrow{OG} \cdot \overrightarrow{AC} &= 3\overrightarrow{OG} \cdot (\overrightarrow{OC} - \overrightarrow{OA}) \\
&= (\vec{a} + \vec{b} + \vec{c}) \cdot (\vec{c} - \vec{a}) \\
&= \vec{a} \cdot \vec{c} - |\vec{a}|^2 + \vec{b} \cdot \vec{c} - \vec{b} \cdot \vec{a} + |\vec{c}|^2 - \vec{c} \cdot \vec{a} \\
&= 0
\end{aligned}$$

より，$\overrightarrow{OG}$ は △ABC を含む平面の法線ベクトルである．よって，△ABC を底面とみたときの四面体 PABC の高さは，$|\overrightarrow{PG}|$ に等しい．次に，

$$|3\overrightarrow{OG}|^2 = (\vec{a} + \vec{b} + \vec{c}) \cdot (\vec{a} + \vec{b} + \vec{c}) = 6$$

より，$|\overrightarrow{OG}| = \dfrac{\sqrt{6}}{3}$．よって，$|\overrightarrow{PG}| = \dfrac{1}{4}|\overrightarrow{OG}| = \dfrac{\sqrt{6}}{12}$ であり，底面積は1辺の長さが1の正三角形 ABC の面積なので，$\dfrac{\sqrt{3}}{4} \times 1^2 = \dfrac{\sqrt{3}}{4}$．したがって，四面体 PABC の体積は

$$\dfrac{1}{3} \times \dfrac{\sqrt{3}}{4} \times \dfrac{\sqrt{6}}{12} = \dfrac{\sqrt{2}}{48}$$

(答) $\dfrac{\sqrt{2}}{48}$

問題3. (1) $B^{-1} = \dfrac{1}{2 \cdot 2 - (-1) \cdot 1} \begin{pmatrix} 2 & 1 \\ -1 & 2 \end{pmatrix} = \dfrac{1}{5} \begin{pmatrix} 2 & 1 \\ -1 & 2 \end{pmatrix}$

(答) $B^{-1} = \dfrac{1}{5} \begin{pmatrix} 2 & 1 \\ -1 & 2 \end{pmatrix}$

(2) $P = B^{-1}AB$

$= \dfrac{1}{5} \begin{pmatrix} 2 & 1 \\ -1 & 2 \end{pmatrix} \begin{pmatrix} 1 & 2 \\ 2 & -2 \end{pmatrix} \begin{pmatrix} 2 & -1 \\ 1 & 2 \end{pmatrix}$

$= \dfrac{1}{5} \begin{pmatrix} 4 & 2 \\ 3 & -6 \end{pmatrix} \begin{pmatrix} 2 & -1 \\ 1 & 2 \end{pmatrix}$

$= \dfrac{1}{5} \begin{pmatrix} 10 & 0 \\ 0 & -15 \end{pmatrix} = \begin{pmatrix} 2 & 0 \\ 0 & -3 \end{pmatrix}$

(答) $P = \begin{pmatrix} 2 & 0 \\ 0 & -3 \end{pmatrix}$

(3) $P^n = (B^{-1}AB)(B^{-1}AB)\cdots(B^{-1}AB) = B^{-1}A^nB$，および $P^n = \begin{pmatrix} 2^n & 0 \\ 0 & (-3)^n \end{pmatrix}$ より，

$A^n = BP^nB^{-1}$

$= \begin{pmatrix} 2 & -1 \\ 1 & 2 \end{pmatrix} \begin{pmatrix} 2^n & 0 \\ 0 & (-3)^n \end{pmatrix} \cdot \dfrac{1}{5} \begin{pmatrix} 2 & 1 \\ -1 & 2 \end{pmatrix}$

$= \dfrac{1}{5} \begin{pmatrix} 2^{n+1} & -(-3)^n \\ 2^n & 2 \cdot (-3)^n \end{pmatrix} \begin{pmatrix} 2 & 1 \\ -1 & 2 \end{pmatrix}$

$= \dfrac{1}{5} \begin{pmatrix} 2^{n+2} + (-3)^n & 2^{n+1} - 2 \cdot (-3)^n \\ 2^{n+1} - 2 \cdot (-3)^n & 2^n + 4 \cdot (-3)^n \end{pmatrix}$

(答) $A^n = \dfrac{1}{5} \begin{pmatrix} 2^{n+2} + (-3)^n & 2^{n+1} - 2 \cdot (-3)^n \\ 2^{n+1} - 2 \cdot (-3)^n & 2^n + 4 \cdot (-3)^n \end{pmatrix}$

模擬検定問題解答・解説

❖解 説

行列 A の対角化に関係する問題である.

行列 $A = \begin{pmatrix} 1 & 2 \\ 2 & -2 \end{pmatrix}$ の固有方程式は,

$$\begin{vmatrix} 1-\lambda & 2 \\ 2 & -2-\lambda \end{vmatrix} = 0$$

$$(\lambda+2)(\lambda-1) - 4 = 0$$

$$(\lambda-2)(\lambda+3) = 0$$

であるから,固有値は $\lambda = 2, -3$ と求められる.

(i) $\lambda = 2$ のときの固有ベクトルを求める.

$$\begin{pmatrix} 1 & 2 \\ 2 & -2 \end{pmatrix} \begin{pmatrix} x \\ y \end{pmatrix} = 2 \begin{pmatrix} x \\ y \end{pmatrix}$$

$x + 2y = 2x$, $2x - 2y = 2y$ より

$$x = 2y$$

$y = 1$, $x = 2$ となって,固有ベクトルは $\begin{pmatrix} 2 \\ 1 \end{pmatrix}$ となる.

(ii) $\lambda = -3$ のときの固有ベクトルを求める.

$$\begin{pmatrix} 1 & 2 \\ 2 & -2 \end{pmatrix} \begin{pmatrix} x \\ y \end{pmatrix} = -3 \begin{pmatrix} x \\ y \end{pmatrix}$$

$x + 2y = -3x$, $2x - 2y = -3y$ より

$$y = -2x$$

$x = -1$, $y = 2$ となって,固有ベクトルは $\begin{pmatrix} -1 \\ 2 \end{pmatrix}$ となる.

行列 $B = \begin{pmatrix} 2 & -1 \\ 1 & 2 \end{pmatrix}$ は,行列 A の固有ベクトルから生成された行列とみることができる.行列 B を用いて,

$$B^{-1}AB = \frac{1}{5} \begin{pmatrix} 2 & 1 \\ -1 & 2 \end{pmatrix} \begin{pmatrix} 1 & 2 \\ 2 & -2 \end{pmatrix} \begin{pmatrix} 2 & -1 \\ 1 & 2 \end{pmatrix} = \begin{pmatrix} 2 & 0 \\ 0 & -3 \end{pmatrix}$$

と計算することで,対角成分が固有値 ($\lambda = 2, -3$) となる対角行列を求めることができる.すなわち,行列の対角化ができる.本問は,単なる計算問題ではなく,A の対角化を利用して A^n を求めている.

問題 4. $\begin{cases} xy = a^4 & \cdots(1) \\ (\log_{10} x)(\log_{10} y) = (\log_{10} b)^2 & \cdots(2) \end{cases}$

真数条件より,

2次：数理技能検定

$$x > 0, \quad y > 0, \quad b > 0$$

また，式 (1) と条件 $x > 0$, $y > 0$ から，$a \neq 0$ である．

式 (1) の両辺の常用対数をとって，

$$\log_{10} xy = 2\log_{10} a^2$$

$$\log_{10} x + \log_{10} y = 2\log_{10} a^2$$

ここで，$\log_{10} x = X$, $\log_{10} y = Y$ とおくと，式 (1), (2) はそれぞれ，次の式 (3), (4) になる．

$$\begin{cases} X + Y = 2\log_{10} a^2 & \cdots (3) \\ XY = (\log_{10} b)^2 & \cdots (4) \end{cases}$$

X, Y は，t に関する 2 次方程式 $t^2 - 2t\log_{10} a^2 + (\log_{10} b)^2 = 0$ の解である．これが実数解をもつための条件は，この 2 次方程式の判別式を D として，

$$\frac{D}{4} = (\log_{10} a^2)^2 - (\log_{10} b)^2 \geqq 0$$

これを整理して，

$$(\log_{10} a^2 - \log_{10} b)(\log_{10} a^2 + \log_{10} b) \geqq 0$$

$$\log_{10} \frac{a^2}{b} \cdot \log_{10} a^2 b \geqq 0$$

（ⅰ）$\log_{10} \dfrac{a^2}{b} \geqq 0$ かつ $\log_{10} a^2 b \geqq 0$ のとき

$$\log_{10} \frac{a^2}{b} \geqq 0 \quad \Leftrightarrow \quad \log_{10} \frac{a^2}{b} \geqq \log_{10} 1 \quad \Leftrightarrow \quad \frac{a^2}{b} \geqq 1$$

$$\log_{10} a^2 b \geqq 0 \quad \Leftrightarrow \quad \log_{10} a^2 b \geqq \log_{10} 1 \quad \Leftrightarrow \quad a^2 b \geqq 1$$

これらから，$b \leqq a^2$ かつ $b \geqq \dfrac{1}{a^2}$ を得る．

（ⅱ）$\log_{10} \dfrac{a^2}{b} \leqq 0$ かつ $\log_{10} a^2 b \leqq 0$ のとき

これらを解いて，$b \geqq a^2$ かつ $b \leqq \dfrac{1}{a^2}$ を得る．

以上から，a, b の存在する範囲は図 k.20 の斜線部分である．

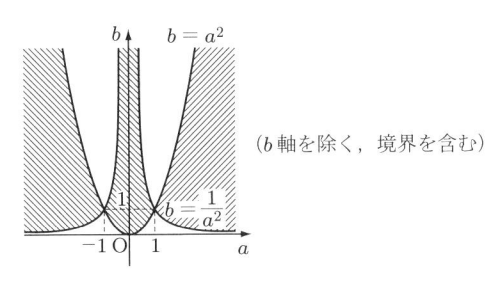

図 k.20 求める範囲

模擬検定問題解答・解説

問題5. (1) $a_1 = 19^1 + (-1)^0 \cdot 2^1 = 21 = 3 \times 7$ から，すべての a_n を割り切る素数は，3 か 7 かのどちらかである．

$a_2 = 19^2 + (-1)^1 \cdot 2^5 = 329$ となって，$a_2 = 7 \times 47$ である．

以上から，すべての a_n を割り切る素数は 7 と推定される．

(答) $a_1 = 21$，$a_2 = 329$，素数 7

(2) すべての a_n が 7 で割り切れることを，数学的帰納法によって証明する．

[1] $n = 1$ のとき

$a_1 = 21$ より成り立つ．

[2] $n = k$ のとき，成り立つと仮定すると

$$a_k = 19^k + (-1)^{k-1} \cdot 2^{4k-3} = 7m \quad (m \text{ は整数})$$

$n = k+1$ のとき

$$\begin{aligned}
a_{k+1} &= 19^{k+1} + (-1)^k \cdot 2^{4(k+1)-3} \\
&= 19 \cdot 19^k + (-1)^k \cdot 2^{4(k+1)-3} \\
&= 19\{7m - (-1)^{k-1} \cdot 2^{4k-3}\} + (-1)^k \cdot 2^{4(k+1)-3} \\
&= 19 \cdot 7m + 19(-1)^k \cdot 2^{4k-3} + (-1)^k \cdot 16 \cdot 2^{4k-3} \\
&= 19 \cdot 7m + 35(-1)^k \cdot 2^{4k-3} \\
&= 7\{19m + 5(-1)^k \cdot 2^{4k-3}\}
\end{aligned}$$

したがって，a_{k+1} も 7 で割り切れる．

[1]，[2] より，すべての a_n は 7 で割り切れる．

別解

$$a_n = 19^n + (-1)^{n-1} \cdot 2^{4n-3} = 19^n + 2(-16)^{n-1}$$
$$19 \equiv -2 \pmod{7}, \quad -16 \equiv -2 \pmod{7}$$

から

$$a_n = 19^n + 2(-16)^{n-1} \equiv (-2)^n + 2(-2)^{n-1}$$
$$= (-2)^n - (-2)^n \equiv 0 \pmod{7}$$

よって，すべての a_n は 7 の倍数となって，7 で割り切れる．

◇ **参 考**

2 つの整数 a，b があって $a - b$ が自然数 m の倍数のとき，a は m を法として b と合同であるといい，

$$a \equiv b \pmod{m}$$

と合同式で表す．これは，$a = mk + b$（k は整数）を示す．

この式は，a, b を m で割ったとき余りが等しいことも示す．

問題6. (1) $\dfrac{k+1}{(2k-1)(2k+1)} \times \dfrac{1}{3^k} = \dfrac{1}{4}\left(\dfrac{3}{2k-1} - \dfrac{1}{2k+1}\right) \times \dfrac{1}{3^k}$

$$= \dfrac{1}{4}\left(\dfrac{1}{2k-1} \times \dfrac{1}{3^{k-1}} - \dfrac{1}{2k+1} \times \dfrac{1}{3^k}\right)$$

したがって，

$$\sum_{k=1}^{n}\left\{\dfrac{k+1}{(2k-1)(2k+1)} \times \dfrac{1}{3^k}\right\} = \sum_{k=1}^{n} \dfrac{1}{4}\left(\dfrac{1}{2k-1} \times \dfrac{1}{3^{k-1}} - \dfrac{1}{2k+1} \times \dfrac{1}{3^k}\right)$$

$$= \dfrac{1}{4}\left(\dfrac{1}{1} \times \dfrac{1}{1} - \dfrac{1}{3} \times \dfrac{1}{3}\right) + \dfrac{1}{4}\left(\dfrac{1}{3} \times \dfrac{1}{3} - \dfrac{1}{5} \times \dfrac{1}{3^2}\right)$$

$$+ \dfrac{1}{4}\left(\dfrac{1}{5} \times \dfrac{1}{3^2} - \dfrac{1}{7} \times \dfrac{1}{3^3}\right) + \cdots + \dfrac{1}{4}\left(\dfrac{1}{2n-1} \times \dfrac{1}{3^{n-1}} - \dfrac{1}{2n+1} \times \dfrac{1}{3^n}\right)$$

$$= \dfrac{1}{4}\left\{1 - \dfrac{1}{3^n(2n+1)}\right\}$$

（答）$\dfrac{1}{4}\left\{1 - \dfrac{1}{3^n(2n+1)}\right\}$

(2) (1) より，

$$\sum_{k=1}^{\infty}\left\{\dfrac{k+1}{(2k-1)(2k+1)} \times \dfrac{1}{3^k}\right\} = \lim_{n \to \infty} \dfrac{1}{4}\left\{1 - \dfrac{1}{3^n(2n+1)}\right\} = \dfrac{1}{4}$$

（答）$\dfrac{1}{4}$

問題7. $I = \displaystyle\int_0^1 (ax + b - \sin 2\pi x)^2 \, dx$ とおく．

$(ax + b - \sin 2\pi x)^2 = (ax + b)^2 - 2(ax + b)\sin 2\pi x + \sin^2 2\pi x$

から，

$I = I_1 + I_2 + I_3$

ただし，

$$\begin{cases} I_1 = \displaystyle\int_0^1 (ax + b)^2 \, dx \\ I_2 = -2\displaystyle\int_0^1 (ax + b)\sin 2\pi x \, dx \\ I_3 = \displaystyle\int_0^1 \sin^2 2\pi x \, dx \end{cases}$$

模擬検定問題解答・解説

とおく．以下，各積分の値を求める．

$$I_1 = \int_0^1 (ax+b)^2\,dx = \int_0^1 (a^2x^2 + 2abx + b^2)\,dx = \left[\frac{a^2x^3}{3} + abx^2 + b^2x\right]_0^1$$

$$= \frac{a^2}{3} + ab + b^2$$

$$I_2 = -2\int_0^1 (ax+b)\sin 2\pi x\,dx = \int_0^1 (ax+b)\left(\frac{\cos 2\pi x}{\pi}\right)'dx$$

$$= \left[(ax+b)\cdot\frac{\cos 2\pi x}{\pi}\right]_0^1 - \frac{a}{\pi}\int_0^1 \cos 2\pi x = \frac{1}{\pi}(a+b-b) - \frac{a}{\pi}\left[\frac{\sin 2\pi x}{2\pi}\right]_0^1$$

$$= \frac{a}{\pi}$$

$$I_3 = \int_0^1 \sin^2 2\pi x\,dx = \int_0^1 \frac{1-\cos 4\pi x}{2}\,dx = \frac{1}{2}\left[x - \frac{\sin 4\pi x}{4\pi}\right]_0^1 = \frac{1}{2}$$

よって，

$$I = I_1 + I_2 + I_3 = \frac{a^2}{3} + ab + b^2 + \frac{a}{\pi} + \frac{1}{2}$$

$$= \left(b + \frac{a}{2}\right)^2 + \frac{a^2}{12} + \frac{a}{\pi} + \frac{1}{2}$$

$$= \left(b + \frac{a}{2}\right)^2 + \frac{1}{12}\left(a + \frac{6}{\pi}\right)^2 - \frac{3}{\pi^2} + \frac{1}{2}$$

したがって，$I \geqq \frac{1}{2} - \frac{3}{\pi^2}$ から，I の最小値は $\frac{1}{2} - \frac{3}{\pi^2}$ となる．等号が成り立つのは，$b + \frac{a}{2} = a + \frac{6}{\pi} = 0$，すなわち，$a = -\frac{6}{\pi}$，$b = \frac{3}{\pi}$ のときである．

(答) $a = -\frac{6}{\pi}$，$b = \frac{3}{\pi}$ のとき　最小値 $\frac{1}{2} - \frac{3}{\pi^2}$

◇ 参 考

「数学検定」1級の範囲であるが，以下のように偏微分を利用して2変数関数の極値を求めることができる．

$\frac{a^2}{3} + ab + b^2 + \frac{a}{\pi} + \frac{1}{2}$ を2変数 a，b の関数とみて $I(a,b)$ とおく．すなわち，$I(a,b) = \frac{a^2}{3} + ab + b^2 + \frac{a}{\pi} + \frac{1}{2}$ として，$I(a,b)$ の極値を調べる．

$$I_a = \frac{\partial I}{\partial a} = \frac{2a}{3} + b + \frac{1}{\pi} \qquad \cdots(1)$$

$$I_{aa} = \frac{\partial^2 I}{\partial a^2} = \frac{2}{3}, \quad I_{ab} = \frac{\partial I_a}{\partial b} = 1$$

$$I_b = \frac{\partial I}{\partial b} = a + 2b \qquad \cdots(2)$$

$$I_{bb} = \frac{\partial^2 I}{\partial b^2} = 2$$

式 (1), (2) で

$$I_a = \frac{\partial I}{\partial a} = \frac{2a}{3} + b + \frac{1}{\pi} = 0, \quad I_b = \frac{\partial I}{\partial b} = a + 2b + \frac{1}{\pi} = 0$$

を満たす a, b を求めると, $a = -\dfrac{6}{\pi}$, $b = \dfrac{3}{\pi}$ となって, これは $I(a,b)$ が極値をもつ点の候補 (停留点) となる.

次に, 停留点におけるヘッセの行列式 (ヘシアン)

$$\Delta = \begin{vmatrix} I_{aa} & I_{ab} \\ I_{ab} & I_{bb} \end{vmatrix} = I_{aa} \cdot I_{bb} - (I_{ab})^2$$

を求めると, 本問では $\Delta = \dfrac{2}{3} \cdot 2 - 1^2 = \dfrac{1}{3} > 0$ となる. これと $I_{aa} = \dfrac{2}{3} > 0$ より, 停留点 $(a,b) = \left(-\dfrac{6}{\pi}, \dfrac{3}{\pi} \right)$ で $I(a,b)$ は極小となることがわかる.

一般に, 停留点における Δ と I_{aa} の値をそれぞれ求め, 以下のように $I(a,b)$ が停留点で極値をもつかもたないかを判定することができる.

① $\Delta > 0$ で $I_{aa} > 0$ ならば, $I(a,b)$ は極小となる.
② $\Delta > 0$ で $I_{aa} < 0$ ならば, $I(a,b)$ は極大となる.
③ $\Delta < 0$ ならば, $I(a,b)$ は極小でも極大でもない.
④ $\Delta = 0$ ならば, 極値をとるかとらないかは判定できない.

本問は, ①の場合に該当する.

「数学検定」準1級の概要 (2020年10月現在)

① 実用数学技能検定(数学検定)は,数学の実用的な技能(計算・作図・表現・測定・整理・統計・証明)を測る検定で,公益財団法人日本数学検定協会が実施している全国レベルの実力・絶対評価システムです.
② 数学検定準1級には計算技能を観る「1次:計算技能検定」と数理応用技能を観る「2次:数理技能検定」があります.1次も2次も同じ日に行います.初めて受検するときは,1次・2次両方を受検します.

■数学検定準1級の概要

	目安となる程度	検定時間	出題
準1級	高校3年生程度	1次:60分 2次:120分	1次:7問,2次:2題必須・ 5題より2題選択

■合格基準
1次:計算技能検定は全問題の70%程度,2次:数理技能検定は全問題の60%程度です.

■受検資格
原則として受検資格は問いません.ただし,時代の要請や学習環境の変化などにより,当協会が必要と認めるときはこの限りではありません.

受検申し込み方法

受検の申し込みには個人受検や団体受検などがあります.団体受検やさらに詳しい情報については,数学検定のホームページ(https://www.su-gaku.net/suken/)をご覧ください.

個人受検は1年に3回,全国の会場で実施されます.検定日は,数学検定ホームページでご確認ください.個人受検のお申し込みは,次のいずれかの方法で行います.

1. インターネットでお申し込み
パソコンやスマートフォンを利用して,ホームページからお申し込みができます.インターネットに接続できる環境が必要です.

2. コンビニエンスストアの各情報端末でお申し込み
お申し込みができるコンビニエンスストアと端末は,以下のとおりです.
セブンイレブン「マルチコピー機」,ローソン「Loppi」,ファミリーマート「Famiポート」,ミニストップ「MINISTOP Loppi」

※お申し込み後のキャンセルやご返金，繰り越し，階級の変更，受検地域の変更などはできません．

■実用数学技能検定（数学検定）取得のメリット
1. 高等学校卒業程度認定試験の必須科目「数学」が試験免除
　文部科学省が行う「高等学校卒業程度認定試験」（旧「大検」）の必須科目「数学」が試験免除になります（2級以上）．
※高等学校卒業程度認定試験で実用数学技能検定の合格を証明する場合は，「合格証明書」が必要となります．
2. 数学検定取得者入試優遇制度
　大学・短期大学・高等専門学校・高等学校・中学校などの一般・推薦入試における各優遇措置があります．学校によって優遇の内容が異なりますので，ご注意ください．
3. 単位認定制度
　大学・高等専門学校・高等学校などで，数学検定を単位認定としている学校があります．
4. 実用数学技能検定グランプリ
　実用数学技能検定グランプリは，積極的に算数・数学の学習に取り組んでいる団体・個人の努力を称え，さらに今後の指導・学習の励みとする目的で，とくに成績優秀な団体および個人を表彰する制度です．毎年，数学検定を受検された団体・個人からそれぞれ選考されます．
5. 合格体験記募集
　合格体験記として，受検した感想を募集しています．

著者略歴

中村　力（なかむら・ちから）
北海道大学大学院理学研究科修了
JFEスチール(株)などを経て，公益財団法人 日本数学検定協会に勤務
現在に至る

公益財団法人 日本数学検定協会
〒110-0005　東京都台東区上野 5-1-1
ホームページ https://www.su-gaku.net/

編集担当　上村紗帆(森北出版)
編集責任　石田昇司(森北出版)
組　　版　ブレイン
印　　刷　中央印刷
製　　本　ブックアート

ためせ実力！
数学検定準1級実践演習　　　　　　　　　　　　　Ⓒ 中村　力　2013

2013年 2月26日　第1版第1刷発行　　【本書の無断転載を禁ず】
2020年10月30日　第1版第4刷発行

監　修　公益財団法人 日本数学検定協会
著　者　中村　力
発行者　森北博巳
発行所　森北出版株式会社
　　　　東京都千代田区富士見 1-4-11（〒102-0071）
　　　　電話 03-3265-8341／FAX 03-3264-8709
　　　　https://www.morikita.co.jp/
　　　　日本書籍出版協会・自然科学書協会　会員
　　　　JCOPY　＜(一社)出版者著作権管理機構　委託出版物＞

落丁・乱丁本はお取替えいたします．

Printed in Japan／ISBN978-4-627-04891-1

MEMO